Joachim Djiotsa

Rôle des gènes pax4 et arx au cours du developpement pancréatique

Joachim Djiotsa

Rôle des gènes pax4 et arx au cours du developpement pancréatique

pax4 n'est pas nécessaire pour la formation des
cellules beta chez le poisson zèbre

Presses Académiques Francophones

Impressum / Mentions légales
Bibliografische Information der Deutschen Nationalbibliothek: Die Deutsche Nationalbibliothek verzeichnet diese Publikation in der Deutschen Nationalbibliografie; detaillierte bibliografische Daten sind im Internet über http://dnb.d-nb.de abrufbar.
Alle in diesem Buch genannten Marken und Produktnamen unterliegen warenzeichen-, marken- oder patentrechtlichem Schutz bzw. sind Warenzeichen oder eingetragene Warenzeichen der jeweiligen Inhaber. Die Wiedergabe von Marken, Produktnamen, Gebrauchsnamen, Handelsnamen, Warenbezeichnungen u.s.w. in diesem Werk berechtigt auch ohne besondere Kennzeichnung nicht zu der Annahme, dass solche Namen im Sinne der Warenzeichen- und Markenschutzgesetzgebung als frei zu betrachten wären und daher von jedermann benutzt werden dürften.

Information bibliographique publiée par la Deutsche Nationalbibliothek: La Deutsche Nationalbibliothek inscrit cette publication à la Deutsche Nationalbibliografie; des données bibliographiques détaillées sont disponibles sur internet à l'adresse http://dnb.d-nb.de.
Toutes marques et noms de produits mentionnés dans ce livre demeurent sous la protection des marques, des marques déposées et des brevets, et sont des marques ou des marques déposées de leurs détenteurs respectifs. L'utilisation des marques, noms de produits, noms communs, noms commerciaux, descriptions de produits, etc, même sans qu'ils soient mentionnés de façon particulière dans ce livre ne signifie en aucune façon que ces noms peuvent être utilisés sans restriction à l'égard de la législation pour la protection des marques et des marques déposées et pourraient donc être utilisés par quiconque.

Coverbild / Photo de couverture: www.ingimage.com

Verlag / Editeur:
Presses Académiques Francophones
ist ein Imprint der / est une marque déposée de
AV Akademikerverlag GmbH & Co. KG
Heinrich-Böcking-Str. 6-8, 66121 Saarbrücken, Deutschland / Allemagne
Email: info@presses-academiques.com

Herstellung: siehe letzte Seite /
Impression: voir la dernière page
ISBN: 978-3-8381-7804-2

À Adrian Mathys,

Tu es certainement le plus beau cadeau de cette fin de thèse. Merci d'être resté sage, bien qu'ayant poussé tes premiers cris en mon absence

À Sarah Erine

Merci pour ton sourire et ton innocence qui me comblent de bonheur et me donnent toujours envie d'oublier les moments difficiles

À Nadège

Merci pour ton soutien sans faille, dans les bons comme les mauvais moments. Ça m'a beaucoup aidé tout au long de cette thèse

REMERCIEMENTS

Je voudrais tout d'abord remercier le Pr. Joseph MARTIAL pour avoir accepté que je débute mon aventure au sein de son unité de recherche pour mon mémoire, mais surtout pour m'avoir permis de faire une thèse par après.

Je remercie grandement mes promoteurs, les Dr. Marianne VOZ, Isabelle MANFROID, mais aussi le Dr. Bernard PEERS. Vous avez suivi de bout en bout ce travail, vous y avez consacré beaucoup de temps. Merci pour toutes ces années d'encadrement, Merci pour les discussions, les encouragements et vos conseils tout au long de cette thèse.

Je remercie tout particulièrement le Dr Marc MULLER pour ses conseils et son sens humain. Merci pour les prises en charge (sinon je ne serais pas là en toute légalité), merci pour ces quatre mois de financement, merci pour les moments passés en dehors du labo.

Je remercie également "tous mes potes ..." (Mister François, Benoist, Yoann, Nath...) et l'équipe du 42 (Marc, David, Thomas, Nath......) pour les discussions scientifiques, les blagues de tout genre, les soirées vin /fromage et... bref, pour tous les bons moments passés ensemble, un merci tout particulier a François pour toutes les corrections. Merci à toi Ludo pour ta sympathie et ton sens d'écoute.

Pour leurs conseils, la bonne humeur au sein du labo, je remercie tous les membres du groupe pancréas (Aurélie (merci pour la lecture des résultats), Justine, Lydie, Sarah, Virginie, Téfa,), tous les "Mulleriens" (Arnaud, Julia, Jessica, Yobhana, Audrey) et les membres du groupe "16K" et "protéines". Merci à benjamin pour les discussions de couloirs

Merci à toi David pour ta gentillesse, ta disponibilité, la relecture et la mise en page de ce manuscrit.

Merci à Vincianne pour avoir initié ce travail et œuvré pour le clonage du gène pax4.

Merci Steph et oli pour vos conseils et votre sympathie.

Je remercie également mes parents, mes frères, mes sœurs et mes beaux-parents pour leur soutien inconditionnel.

Merci à toi William pour les discussions sur le sport, ta disponibilité et la relecture de ce manuscrit.

Que soit également remerciée ma défunte mère sans qui je ne serais pas ce que je suis aujourd'hui.

Que soit enfin remerciés tous ceux que je n'ai pas pu nommer.

Ce travail a bénéficié du support financier du:

- Fond national de la recherche scientifique (FNRS-Télévie)
- Pôles d'Attraction Interuniversitaire (PAI)
- Centre de coopération au développement (CECODEL)

LISTE DES ABRÉVIATIONS

ADN : Acide DésoxyriboNucléique

ARN : Acide RiboNucléique

ARNm : Acide RiboNucléique messager

Arx : Aristaless related homeobox

BCIP: 5-bromo 4-chloro 3-indonyl phosphate

BHLH : Basic Helix-Loop-Helix

BMP : Bone Morphogenic Protein

CMH : Complex Majeur d'Histocompatibilité

DAPT : N-[N-(3,5-Difluorophenacetyl)-L-Alanyl]-S-Phenylglycine t-butyl ester

DIG : Digoxygénine

Dll : Delta-like ligand

DMSO : DiMéthyl SulfOxyde

dpf : day post-fertilisation

DsRED : Discosoma red fluorescent protein

e : jour embryonnaire

ES : Embryonic Stem cells

FGF : Fibroblast Growth Factor

Fox : Forkhead box

GFP : Green Fluorescent Protein

Ghr : Ghréline

Glc : Glucagon

Glut : Glucose transporter

Hb9 : Homeobox 9

HES : Hairy and Enhancer of Split

hES : human embryonic stem cells

1

Hh : Hedgehog

HLA : Human Leukocyte Antigen

HNF : Hepatocyte Nuclear Factor

HPD : Hepato-Pancreatic Duct

hpf : hours post-fertilisation

Iapp : Islet amyloid polypeptide

Ins : Insulin

IPD : Intra-Pancreatic Duct

Isl1 : Islet 1

Kb : kilobase

Lim : LIn-11 and Mec-3

mib : *mind bomb*

Mist-1 : Muscle, Intestine and Stomach expression 1

Mo : Moprholino

MODY : Maturity Onset Diabetic of the Young

NBT : Nitro blue tétrazolium

Ngn : Neurogenine

Nkx : Nk-related homeobox

PanIN : Pancreatic Intraepithelial Neoplasia

Pax : Paired homeobox

Pb : paire de base

PCR : Polymerase chain reaction

Pdx1 : Pancreatic and duodenal homeobox 1

PFA : Paraformaldehyde

PICSES : Pancreatic Islet Cell-Specific Enhancer Sequences

PP : Polypeptide Pancréatique

Ptf1 : Pancreatic specific transcription factor 1

Raldh : Rétinoaldéhyde déshydrogénase

RLM-RACE : RNA Ligase Mediated Rapid Amplification of cDNA Ends

RT-PCR : Reverse Transcription Polymerase Chain Reaction

Shh : Sonic hedgehog

Sox : Sry like hmg box

Sst : Somatostatine

Tg : Transgénique

UTR : Untranslated Region

VNTR : Variable Number Tandem Repeat

Xlag : X-linked lissencephaly with abnormal genitalia

AVANT-PROPOS

La biologie du développement est la discipline qui étudie l'embryogenèse comprenant notamment le processus de croissance des organismes, la morphogenèse des organes et la différenciation des cellules qui les composent. Elle contribue à la compréhension des phénomènes qui contrôlent le devenir de chaque cellule et tente de décrire les mécanismes moléculaires permettant la différenciation des cellules. Au sein du Laboratoire de Biologie Moléculaire et de Génie Génétique de l'Université de Liège, notre équipe s'intéresse à l'ontogenèse du pancréas. La compréhension des mécanismes régulant le développement pancréatique est une étape incontournable pour les recherches visant à développer des thérapies cellulaires permettant de soigner le diabète. Notre équipe utilise comme animal modèle, *Danio rerio* communément appelé "zebrafish" ou "poisson zèbre", modèle qui a énormément contribué à de nouvelles connaissances en embryogenèse des vertébrés.

Le diabète de type 1 est une maladie auto-immune au cours de laquelle le système immunitaire attaque les cellules β productrices d'insuline du pancréas. Cette absence d'insuline entraine une hyperglycémie pouvant entrainer la mort si le patient ne reçoit aucun traitement. A ce jour, le diabète ne se guérit pas mais des traitements existent pour mieux réguler la glycémie. Ces traitements à base d'injections quotidiennes d'insuline sont très contraignants et entrainent à long terme des complications vasculaires affectant notamment les neurones, les reins et les yeux (Nathan, 1993). Le moyen le plus efficace pour rectifier la glycémie

4

à long terme aurait été de faciliter la libération d'insuline en réponse à des niveaux physiologiques de glucose (Zhou and Melton, 2008). La stratégie actuelle est basée sur la transplantation des nouvelles cellules β chez les patients diabétiques. Cependant, la rareté du nombre de greffons issus des donneurs rend cette stratégie difficilement applicable. Pour faire face à cela, l'un des moyens serait donc d'amplifier et différencier *in vitro* des cellules β à partir de cellules souches embryonnaires afin de les greffer plus tard aux patients diabétiques. Cette approche nécessite une meilleure compréhension de tous les mécanismes impliqués dans la différenciation, la maturation et le maintien de tous les sous-types cellulaires endocrines du pancréas au cours du développement embryonnaire.

Au cours de ma thèse, nous avons essayé de comprendre d'une part le rôle des facteurs de transcription Pax4 et Arx dans la différenciation des cellules pancréatiques endocrines et d'autre part les mécanismes de régulation de ces deux facteurs chez le poisson zèbre. L'introduction bibliographique est constituée de cinq parties. La première idée développée dans cette introduction porte sur une description du pancréas et de son développement. Les familles des gènes *Pax* et *Aristaless* ont été abordées respectivement dans la deuxième et la troisième partie de l'introduction avec une attention particulière portée sur les facteurs Pax4 et Arx. Par la suite, le modèle poisson zèbre a été décrit. Nous avons clôturé notre introduction avec la présentation des hypothèses de recherche et des objectifs de notre travail.

La section résultat débute par l'identification de la séquence du gène *pax4* chez le poisson zèbre. Les domaines d'expression et l'implication de ce facteur Pax4 et de sa cible *arx* dans la différenciation endocrine ont été investigués dans la deuxième et la troisième partie respectivement. Nous avons par la suite abordé les mécanismes de régulation des deux gènes au cours du développement endocrine. Dans les deux dernières parties de nos résultats, nous analysons le destin des cellules *Pax4+* et *Arx+* après inhibition et investiguons aussi l'implication de *pax4* dans la formation des îlots endocrines secondaires.

Enfin, Une discussion comprenant les principales conclusions et les perspectives sera présentée dans la dernière section.

1. INTRODUCTION

1.1 Le pancréas

1.1.1 Anatomie et histologie du pancréas

Le pancréas est une glande du tractus digestif, situé en avant de l'aorte, de la veine cave et des veines rénales, en arrière de l'estomac et du colon transverse chez l'homme. Il s'étend transversalement de droite à gauche, du duodénum au pédicule vasculaire de la rate. Comme on peut le voir sur la figure 1A, on distingue, de gauche à droite, la tête, le corps, et la queue du pancréas. C'est la deuxième glande la plus volumineuse après le foie.

Cette glande mixte est composée de trois types cellulaires majeurs : les cellules acinaires, les cellules des canaux, ces deux types cellulaires constituant le pancréas exocrine, et les cellules endocrines. Chez le poisson zèbre, sa structure est semblable à celle des mammifères.

Le tissu exocrine largement majoritaire (de 95 à 99% du pancréas suivant les espèces) est composé d'une part de cellules acinaires (petites cavités tapissées de cellules excrétrices) regroupées en acini de forme sphérique, et d'autre part de cellules canalaires très ramifiées qui forment les canaux pancréatiques (voir figure 1B) (Slack, 1995; Kim and Hebrok, 2001; Desgraz *et al.*, 2011). De plus, à la jonction des cellules acinaires et de l'épithélium terminal canalaire adjacent, des cellules centroacinaires de forme cuboïdale sont présentes (Slack, 1995; Stanger and Dor, 2006). Ces cellules envoient des projections qui sont en contact à la fois avec les cellules endocrines et exocrines (Rovira *et al.*, 2010). Chaque cellule acinaire est constituée d'un amas de cellules sécrétrices de forme pyramidale. Des petits canaux intercalaires récoltent les enzymes synthétisées dans les acini. Ces canaux intercalaires se drainent dans des canaux intralobulaires qui déversent eux aussi leur contenu dans des canaux interlobuaires. L'ensemble des sécrétions pancréatiques est collecté dans le canal principale qui est plus gros et déversé au niveau du duodénum (J.W. Heath, 2008).

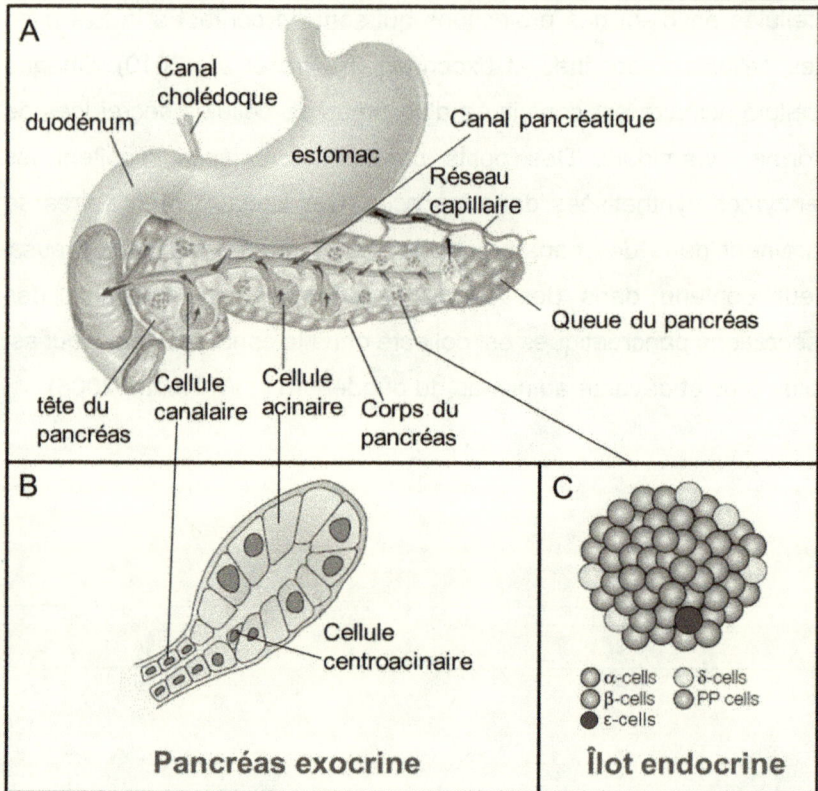

Figure 1 : Vue globale du pancréas adulte. (A) Le pancréas adulte est divisé en trois parties : la tête, le corps et la queue. (C) La partie exocrine du pancréas est composée de cellules acinaires, centroacinaires et canalaires. (D) La partie endocrine est constituée de cinq types cellulaires regroupés en îlots de Langerhans (adapté d'(Edlund, 2002)).

Le pancréas endocrine (de 1 à 5 % du pancréas adulte) est constitué de cinq types cellulaires regroupés en îlots de forme sphérique : les îlots de Langerhans (Slack, 1995). Chez les rongeurs, les cellules α, localisées à la périphérie de l'îlot, représentent 15-20% des cellules endocrines et produisent du glucagon. Les cellules β, majoritaires, (60-80%) constituent le noyau de l'îlot et sécrètent l'insuline tandis que les cellules δ (5-10%) et PP

(<2%) synthétisent respectivement la somatostatine et le polypeptide pancréatique (figure 1C) (Edlund, 2002; Murtaugh and Melton, 2003; Heller *et al.*, 2005). Les cellules ε, productrices de ghréline constituent le cinquième type cellulaire. L'expression de la ghréline semble restreinte au pancréas en développement chez la souris (Date *et al.*, 2002; Prado *et al.*, 2004; Wierup *et al.*, 2004; Heller *et al.*, 2005). Les îlots, fortement vascularisés, déversent directement ces différentes hormones dans la circulation sanguine.

1.1.2 Fonction du pancréas

1.1.2.1 Le tissu exocrine

La partie exocrine du pancréas assure deux rôles majeurs, à savoir :

- La production des enzymes nécessaires à la digestion des macromolécules assurée par les acini.
- La neutralisation de l'acidité gastrique à travers la production d'un suc pancréatique alcalin (riche en bicarbonate) assurée par le système canalaire.

Les acini, composés de cellules pyramidales, constituent l'unité fonctionnelle du compartiment exocrine. Leur fonction est sécrétoire. Ce tissu sécrète toute une variété d'enzymes pancréatiques dans le duodénum, par le canal pancréatique. Le suc pancréatique contient des proenzymes synthétisées par les cellules acinaires. Ces proenzymes inactives, seront activées dans la lumière intestinale et permettront la dégradation des macromolécules en molécules simples pour faciliter leur absorption. Ces enzymes pancréatiques peuvent être subdivisées en quatre classes :

- Les enzymes protéolytiques favorisent l'hydrolyse des protéines (trypsine, chymotrypsine, élastase, carboxypeptidase A et B).
- Les enzymes lipolytiques dégradent les lipides. Dans cette catégorie, la lipase hydrolyse les triglycérides en acides gras et glycérol tandis que les phospholipases coupent les liaisons esters des phosphoglycérides.
- Les enzymes glycolytiques métabolisent les polymères de glucose (α-amylase).
- Les enzymes nucléolytiques (ribonucléases et désoxyribonucléases) favorisent la dégradation de l'ARN et de l'ADN.

Les canaux forment un système de conduits ramifiés. Les cellules épithéliales qui forment la paroi de ces canaux élaborent et déversent dans la lumière une sécrétion hydroélectrolytique, riche en bicarbonates, qui contribue avec la sécrétion enzymatique des acini, à former le suc pancréatique.

1.1.2.2 le tissu endocrine

La fonction principale du compartiment endocrine est la régulation de la glycémie à travers la production des hormones insuline et glucagon (figure 2). L'insuline, produite par les cellules β des îlots de Langerhans, est une hormone hypoglycémiante. Elle abaisse le taux de sucre dans le sang en favorisant la prise du glucose par les cellules et son stockage sous forme de glycogène dans les hépatocytes et les muscles squelettiques. Au niveau des adipocytes, elle stimule la conversion des glucides en acides gras et leur stockage dans le tissu adipeux. L'insuline inhibe aussi la dégradation du glycogène en glucose et la synthèse du glucose à partir des lipides ou des protéines. Le glucagon, une hormone hyperglycémiante secrétée par les cellules α, a un rôle opposé à celui de l'insuline. Il augmente la transformation du glycogène en glucose et inhibe parallèlement la synthèse du glycogène à partir du glucose (Edlund, 2002; Kumar and Melton, 2003; Murtaugh and Melton, 2003; Desgraz *et al.*, 2011).

Les cellules δ synthétisent la somatostatine qui a un effet inhibiteur sur la sécrétion d'insuline et de glucagon. Le polypeptide pancréatique sécrété par les cellules PP a une activité inhibitrice sur la sécrétion pancréatique exocrine et endocrine (Edlund, 2002; Tehrani and Lin, 2011).

La fonction exacte de la ghréline produite par les cellules ε dans l'îlot endocrine n'est pas connue. Toutefois, certains auteurs pensent qu'elle inhiberait la sécrétion d'insuline (Broglio *et al.*, 2003; Reimer *et al.*, 2003; Prado *et al.*, 2004). Son implication dans la régulation de l'hormone de croissance, la stimulation de l'appétit et la sécrétion de l'acide gastrique a également été décrite (Adeghate and Ponery, 2002; Date *et al.*, 2002; Lee *et al.*, 2002; Cummings, 2006).

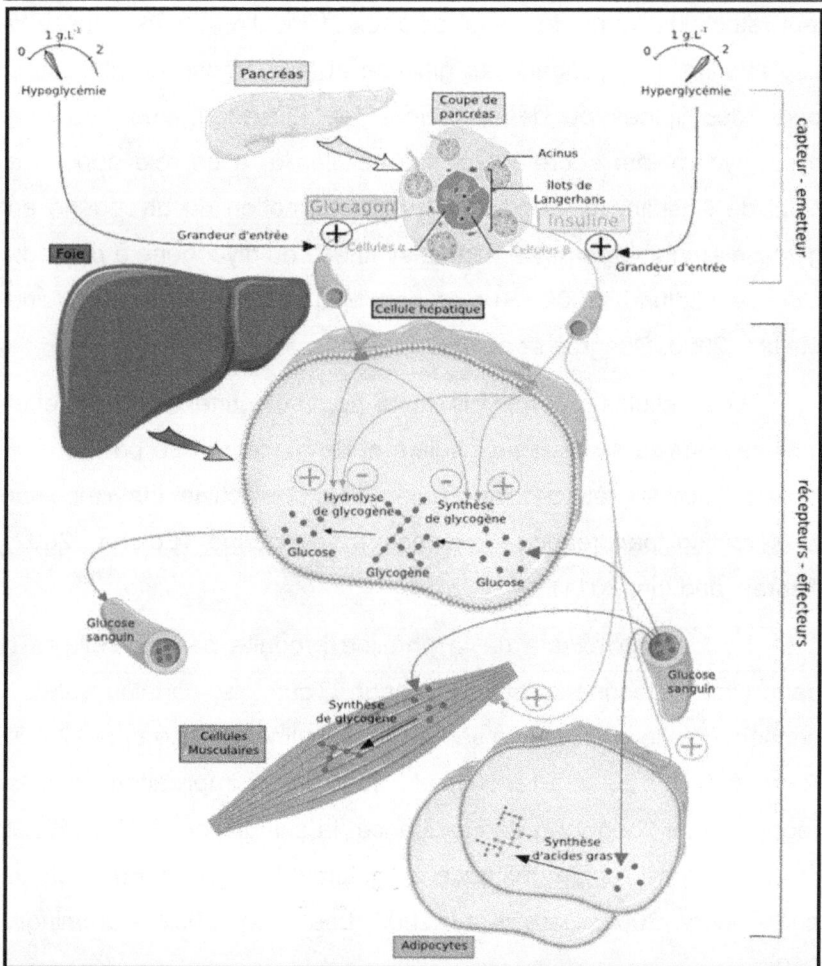

Figure 2 : Régulation de la glycémie. En cas d'hyperglycémie (excès de glucose dans le sang), les cellules β des îlots de Langerhans sécrètent de l'insuline qui induit le stockage de glucose sous forme de glycogène au niveau des hépatocytes. Elle permet aussi le stockage du glycogène au niveau des muscles et la synthèse d'acide gras à partir du glucose dans les adipocytes, ce qui conduit à une diminution du glucose sanguin. L'hormone glucagon est secrétée pendant les périodes d'hypoglycémie par les cellules α. Elle favorise la glycogénolyse hépatique et la lipolyse au niveau des adipocytes pour libérer le glucose dans la circulation sanguine.

1.1.3 Les pathologies pancréatiques

1.1.3.1 Les diabètes

Le diabète est la maladie la plus connue et la plus répandue liée à une dérégulation de la production d'hormones pancréatiques. Il affecte 300 millions d'individus à travers le monde, et on estime que ce nombre sera de 366 millions d'ici 2030 (Wild *et al.*, 2004). Le diabète est un véritable problème de santé publique, la durée de vie des patients diabétiques étant en moyenne inférieure de 15 ans à la normale, notamment à cause de complications fréquemment associées au diabète comme des dysfonctionnements rénaux, la cécité, les neuropathies ou les cardiopathies. On rencontre fréquemment trois types de diabète : le diabète de type 1, le diabète de type 2 et les MODY (Maturity Onset Diabetes of the Young).

A Le diabète de type 1

Le diabète de type 1 ou encore insulinodépendant est une pathologie due à une destruction spécifique des cellules β des îlots de Langerhans du pancréas par le système immunitaire. Ceci entraine une réduction puis une disparition de la production d'insuline (Tehrani and Lin, 2011; van Belle *et al.*, 2011). Le diabète de type 1 atteint souvent l'enfant ou le jeune adulte et représente entre 5 et 10% des cas de diabète (Daneman, 2006). Les prédispositions génétiques ainsi que les facteurs environnementaux augmentent la susceptibilité de développer cette maladie. Concernant les facteurs génétiques de susceptibilité, les plus importants sont les gènes du système HLA de la classe II qui augmentent la susceptibilité d'environ 45%. Ce sont des gènes du complexe majeur d'histocompatibilité (CMH) codant des protéines intervenant dans le système immunitaire. Les gènes mis en cause sont le plus souvent HLA DR3 et HLA DR4 (Buzzetti *et al.*, 1998; Atkinson and Eisenbarth, 2001). Le risque augmentant si les deux gènes sont associés. Une autre région appelé *insulin* VNTR augmente la susceptibilité d'environ 10% et se situe dans une zone proche du gène de l'insuline (Bennett and Todd, 1996; Daneman, 2006).

Parmi les facteurs environnementaux, certaines infections aux entérovirus (coxsackie et cytomégalovirus) ont été mises en cause dans le diabète de type 1 (Filippi and von Herrath, 2008). A ce jour, il n'existe toujours pas de preuve directe de l'implication de ces souches virales dans le développement du diabète de type 1 (Atkinson and Eisenbarth, 2001).

B Le diabète de type 2

Le diabète de type 2, encore appelé non insulino-dépendant, résulte notamment de l'inefficacité de la voie de signalisation de l'insuline, combinée à une diminution de sa sécrétion. Dans les cas de diabète de type 2, les muscles et les cellules adipeuses ne répondent pas de façon adéquate à des niveaux normaux d'insuline produites par les cellules β intactes : c'est ce que l'on appelle l'insulino-résistance (Bell and Polonsky, 2001). La prédisposition héréditaire est importante dans cette affection, mais le mode de vie joue également un rôle non négligeable. Les principaux facteurs déclenchant sont l'obésité viscérale et l'absence d'activités physiques. Les patients diabétiques de type 2 représentent plus de

90 % des cas de diabète et la fréquence du diabète de type 2 augmente avec l'âge : plus de 10 % des personnes de plus de 65 ans en souffrent. L'augmentation du nombre d'enfants obèse dans la société, associée à une activité physique faible, contribue à l'augmentation de la fréquence de diabète de type 2 chez les jeunes (Molnar, 2004).

C Le diabète MODY

Le diabète MODY est une forme particulière du diabète de type 2, qui apparaît chez le sujet jeune (avant l'âge de 25 ans) et s'acquiert en tant que caractère héréditaire autosomique dominant (Bell and Polonsky, 2001). Contrairement aux diabètes de type 2, les facteurs environnementaux ne sont pas impliqués dans le développement des MODY. Une étude britannique a révélé qu'environ un enfant sur deux présentant un diabète apparemment de type 2 est atteint d'une forme de diabète MODY (Ehtisham *et al.*, 2004). Diverses anomalies génétiques ont été identifiées comme responsables de ce type de diabète (ADA, 2003). Des mutations dans des gènes tels que *HNF4A, HNF1A, PDX1, GLUCOKINASE, NEUROD* et *HNF1β*, semblent être à l'origine de cette pathologie (Servitja and Ferrer, 2004). On connait à ce jour six types de MODY, chaque forme étant issue d'une mutation dans un de ces gènes. Ceux-ci, à l'exception du gène de la glucokinase, codent pour des facteurs de transcription impliqués dans le développement et le maintien des cellules pancréatiques, principalement β. La glucokinase, quant à elle, est impliquée dans la détection du glucose par les cellules β.

16

D Les traitements

À l'heure actuelle, le diabète ne se guérit pas. Néanmoins, des moyens permettant de mieux contrôler cette pathologie existent. Le traitement du diabète de type 2 a pour objectif d'améliorer le bien-être du patient diabétique. Au stade précoce de la maladie, le traitement préconise une bonne hygiène de vie et la pratique régulière de l'exercice physique. Une fois les cellules β détériorées, la prévention des complications aigues et chroniques, et le contrôle des symptômes liés à l'hyperglycémie sont envisagés (ADA, 2005).

Le traitement actuel du diabète de type 1 passe par des injections quotidiennes d'insuline permettant de contrôler plus ou moins efficacement la glycémie. Il présente cependant des limites car il n'est pas curatif (traitement de substitution). Les variations de glycémie (hypoglycémie / hyperglycémie) chez les patients causent à long terme des complications vasculaires pouvant entrainer entre autre la cécité, des complications rénales ou l'amputation d'un membre (Nathan, 1993). Une greffe de pancréas ou d'îlots endocrines, associée au contrôle de l'attaque auto-immune, constituerait une solution inestimable et plus durable (Oberholzer and Morel, 2002; Sutherland *et al.*, 2004; White *et al.*, 2009). Certains travaux ont montré que la transplantation d'îlots endocrines était moins invasive et moins couteuse que la greffe de pancréas. De plus, elle favorise à court terme l'insulino-indépendance et permet une forte réduction des épisodes d'hypoglycémie sévère (Lehmann *et al.*, 2005; Noguchi *et al.*, 2011). Toutefois, La pénurie des donneurs d'organe limite l'utilisation de cette stratégie à une faible proportion de patients. Jusqu'à présent, ces îlots sont issus des cadavres et il faut en moyenne deux à trois donneurs pour une transplantation. Cette limitation a poussé les chercheurs à développer des nouvelles sources de cellules β. A ce jour, trois stratégies ont été mises en place afin de générer de nouvelles cellules pouvant produire de l'insuline (voir figure 3)(Borowiak and Melton, 2009).

- La génération de cellules β *de novo* à partir des cellules souches embryonnaires (ES). C'est ainsi qu'en utilisant un protocole mimant les inductions qui se déroule *in vivo* pour l'organogénèse pancréatique, certains groupes de recherches ont montré qu'une série de signaux pouvait induire la différenciation des cellules souches embryonnaires humaines (hES) en cellules productrices d'insuline (D'Amour *et al.*, 2006; Kroon *et al.*, 2008). Ce protocole *in vitro* est cependant quelque peu inefficace et incomplet car, bien que les cellules β obtenues produisent de l'insuline de façon comparables aux îlots adultes, elles ne réagissent pas efficacement à la présence du glucose (D'Amour *et al.*, 2006).

- La conversion de cellules différenciées (hépatiques, acinaires, entéroendocrines) en cellules β : c'est le processus de reprogrammation. Zhou et *al.* ont ainsi reprogrammé les cellules acinaires issues du pancréas exocrine de souris adulte en cellules β. Pour ce faire ils ont forcé l'expression des facteurs de transcription PDX1, NGN3 et MAFA en injectant des vecteurs viraux dans le pancréas. Les cellules β obtenues sont capables d'améliorer la glycémie des souris dont les cellules β ont été détruites par la streptozocine (Zhou *et al.*, 2008). L'un des inconvénients de cette stratégie est que les cellules β obtenues ne se regroupent pas en

18

îlots endocrines et nécessite l'utilisation de vecteurs viraux qui sont trop dangereux pour être utilisés chez les patients (Borowiak and Melton, 2009). Les cellules hépatiques peuvent également être transdifférenciées en cellules β. L'expression forcée de *Ngn3* dans le foie des souris entraine une production d'insuline par les hépatocytes, qui améliore la glycémie chez les souris rendues diabétiques (Yechoor *et al.*, 2009). Une fois de plus l'application de cette technique chez les patients nécessite le remplacement des adénovirus utilisés par des molécules plus sûres. Dans le même ordre d'idée, Collombat et *al.* ont montré que l'expression ectopique du facteur de transcription Pax4 dans les cellules α embryonnaires induisait leur conversion en cellules productrices d'insuline. Les cellules β générées sont fonctionnelles et capable de soigner le diabète induit chimiquement chez les souris (Collombat and Mansouri, 2009).

- La réplication ou la régénération des cellules β. En effet, une régénération des cellules β a été observée dans le pancréas de certains modèles de rongeurs suite à une ligation du canal pancréatique principal, une pancréatectomie, ou une destruction ciblée des cellules β par un toxique (Nir *et al.*, 2007; Xu *et al.*, 2008). Néanmoins, la source des îlots nouvellement formés est encore sujette à controverse. Les cellules β régénérées pouvant provenir, soit d'une différenciation de précurseurs, pouvant peut être se trouver au sein de l'épithélium canalaire, soit d'une réplication des cellules β restantes ou encore de la transdifférenciation de cellules pancréatiques matures (figure 4) (Dor *et al.*, 2004; Bonner-Weir and Weir, 2005; Brennand *et al.*, 2007; Butler *et al.*, 2007; Hanley *et al.*,

2008; Xu *et al.*, 2008). De même, dans certaines circonstances incluant la résistance à l'insuline ou la grossesse, la taille et le nombre de cellules β augmentent (Butler *et al.*, 2007; Thorel and Herrera, 2010). Certains facteurs de transcription, tel que Pax4, surexprimés dans les îlots de rat au moyen d'adénovirus recombinant induisent une augmentation de la réplication des cellules β (Brun *et al.*, 2004). Plusieurs composés peuvent aussi induire *in vitro* la réplication des cellules β. On retrouve dans cette catégorie les modulateurs de la protéine kinase C, les agonistes des canaux calciques de type L, l'hormone de croissance humaine, l'exendine-4 et du glucose à haute concentration (Lee and Nielsen, 2009; Wang *et al.*, 2009). Il est donc possible d'utiliser des stimuli externes pour augmenter la masse de cellules β *in vivo* et *in vitro*, ou encore induire la régénération des cellules β restantes *in vivo*.

Malgré ces résultats prometteurs, beaucoup reste à faire pour chacune des stratégies décrites afin que les cellules β produites puissent être utilisées dans une thérapie dans le cadre du diabète de type 1. Il est donc important de continuer l'exploration de tous les facteurs impliqués dans la différenciation, la maturation et la survie des cellules pancréatiques.

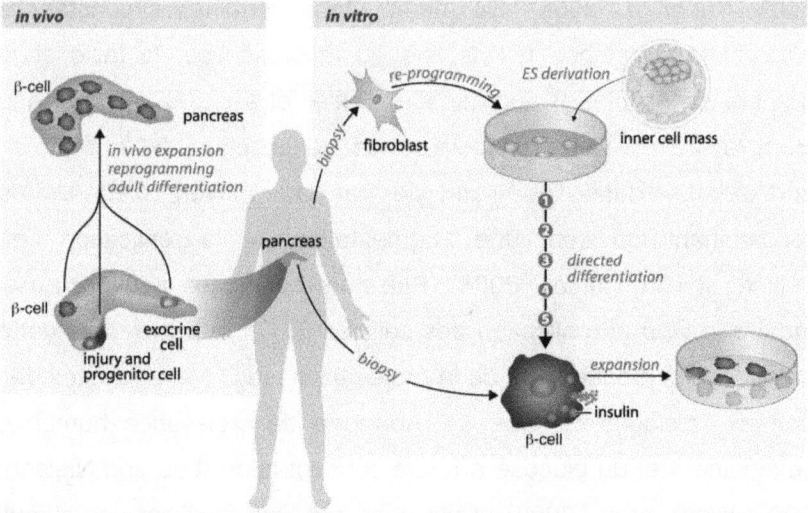

Figure 3 : Stratégies pour générer de nouvelles cellules β (voir texte) (Borowiak and Melton, 2009).

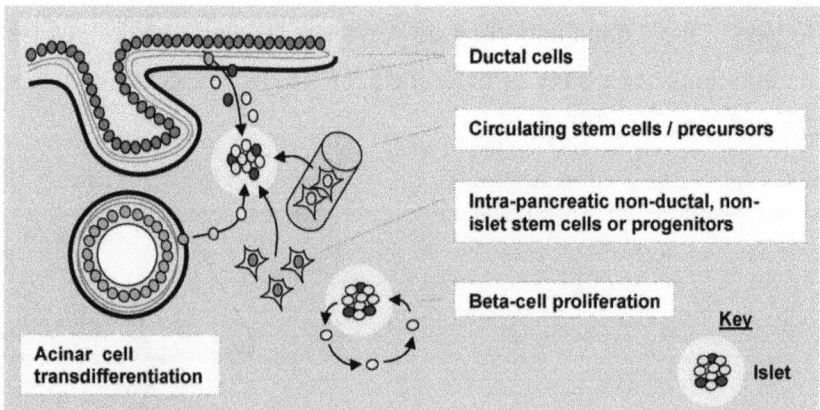

Figure 4 : Illustration schématique des sources potentielles de nouvelles cellules β (Hanley *et al.*, 2008)

1.1.3.2 Les tumeurs pancréatiques

Les cancers pancréatiques constituent la quatrième et sixième cause de mortalité par cancer aux Etats unis et en Europe respectivement. Ils causent environ 227000 décès à travers le monde (Michaud, 2004; Raimondi *et al.*, 2009). Le taux de survie à cinq ans est inférieur à 5% (Jemal *et al.*, 2010). Parmi les facteurs de risques, nous pouvons citer le tabagisme, l'âge, le sexe (les hommes étant les plus prédisposés), l'obésité, l'exposition à certains solvants, un régime pauvre en fruits et légumes, l'infection à *helicobacter pylori* ou encore les prédispositions génétiques... (Gold and Goldin, 1998; Klein *et al.*, 2004; Vincent *et al.*, 2011). La chirurgie reste le traitement offrant les plus grandes chances de survie. Malheureusement, seul entre 10% et 20% des cas de tumeur sont opérables.

A Les tumeurs du pancréas exocrine

L'adénocarcinome pancréatique canalaire représente 80 à 90% des cas de cancers pancréatiques. Il cause 6500 décès par an en Grande Bretagne et s'avère incurable actuellement (Slack, 1995). C'est une préoccupation de santé publique majeure du fait de son agressivité. Le pronostic des adénocarcinomes pancréatiques est très défavorable, du fait de son diagnostic généralement tardif, de la localisation anatomique profonde du pancréas et de la résistance de ces tumeurs à la chimiothérapie et à la radiothérapie (Huguet *et al.*, 2011; Vincent *et al.*, 2011).

Des néoplasmes pancréatiques intraépithéliaux (PanIN) sont à l'origine de l'adénocarcinome. Ce sont des lésions papillaires microscopiques classées en trois grades en fonction du stade d'évolution qui évoluent plus tard en adénocarcinome invasif (figure 5) (Hruban and Fukushima, 2007; Maitra and Hruban, 2008). Il est aussi suggéré que les PanINs sont le résultat d'une conversion des cellules acinaires en cellules ayant un phénotype canalaire. C'est la métaplasie acino-canalaire caractérisée en tout début par la co-expression des marqueurs acinaires et canalaires dans des acini. Les résultats obtenus chez plusieurs modèles murins et chez l'homme ont conforté l'hypothèse d'une origine acineuse des adénocarcinomes canalaires (Parsa *et al.*, 1985; Sandgren *et al.*, 1991; Wagner *et al.*, 2001). Au niveau histo-morphologique, L'adénocarcinome pancréatique canalaire présente un phénotype glandulaire avec des structures canalaires pouvant être catégorisé en fonction de leur degré de différenciation (Maitra and Hruban, 2008). Les adénocarcinomes et les PanINs présentent souvent les mêmes altérations génétiques, à savoir une activation de l'oncogène KRAS, une inactivation des gènes suppresseurs de tumeurs CDKN2A, TP53, SMAD4 et BRCA2, un raccourcissement de télomère, et une amplification de gènes (Rozenblum *et al.*, 1997; van Heek *et al.*, 2002; Huguet *et al.*, 2011).

23

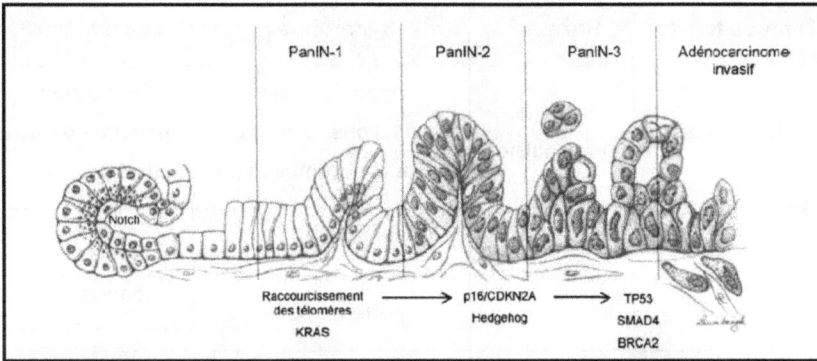

Figure 5: Modèle de progression d'un adénocarcinome pancréatique montrant les altérations génétiques. Initialement, l'épithélium est histologiquement normal, puis il se transforme en néoplasie pancréatique intraépithélial de type 1 (PanIN-1) qui évolue à son tour jusqu'à un adénocarcinome invasif (Maitra and Hruban, 2008).

B Les tumeurs du pancréas endocrine

Les tumeurs du pancréas endocrine sont assez rares, et moins agressives que les tumeurs du pancréas exocrine. Elles représentent entre 1 et 2% des tumeurs pancréatiques et atteignent une personne sur cent mille (Oberg and Eriksson, 2005). Elles sont composées de cellules ressemblant aux cellules de l'îlot de Langerhans mais proviendraient des cellules souches pluripotentes de l'épithélium canalaire pancréatique (Oberg and Eriksson, 2005; Lewis *et al.*, 2010). Actuellement, le traitement repose sur la chirurgie. On distingue deux types de tumeurs du pancréas endocrine : les tumeurs fonctionnelles qui hyper-secrètent les hormones pancréatiques (insuline, glucagon, somatostatine); et les tumeurs non fonctionnelles n'entrainant pas de symptômes endocrines identifiables. Le tableau I ci-dessous récapitule les différents types de tumeurs endocrines ainsi que leurs symptômes.

24

Type de tumeur	Hormone	Symptômes	Localisation
Insulinome	Insuline, proinsuline	Hypoglycémie, palpitations, confusion, agitation, tremblement	Distribution uniforme dans tout le pancréas
glucagonome	Glucagon	Diabète, érythème, atrophie musculaire, perte de poids	Queue du pancréas
somatostatinome	somatostatine	Hyperglycémie, diarrhée, perte de poids,	Tête du pancréas
Non fonctionnelle	Aucune	Douleur abdominale, jaunisse	Distribution uniforme dans tout le pancréas

Tableau I : Tumeurs du pancréas endocrine, hormones impliquées, symptômes et localisation (adapté de (Ekeblad, 2010; Lewis *et al.*, 2010).

1.1.4 Les étapes de formation du pancréas (ontogenèse)

1.1.4.1 Généralités

Le développement du pancréas est un processus très complexe. Il est sous la dépendance de signaux émis par les tissus adjacents, en particulier par le mésoderme. Il nécessite également que de nombreux facteurs de transcription soient exprimés de manière coordonnée à la fois au niveau temporel et spatial.

Les tissus endocrine et exocrine du pancréas dérivent tous deux de l'endoderme (Slack, 1995). Chez les amniotes, le pancréas se forme à partir d'un bourgeon dorsal et d'un bourgeon ventral

25

issus de l'épithélium intestinal primitif. Les deux bourgeons pancréatiques grandissent et se ramifient ; ensuite, le bourgeon ventral effectue une rotation et fusionne avec le bourgeon dorsal pour donner un seul organe fonctionnel (figure 6) (Slack, 1995; Habener *et al.*, 2005; Collombat *et al.*, 2006).

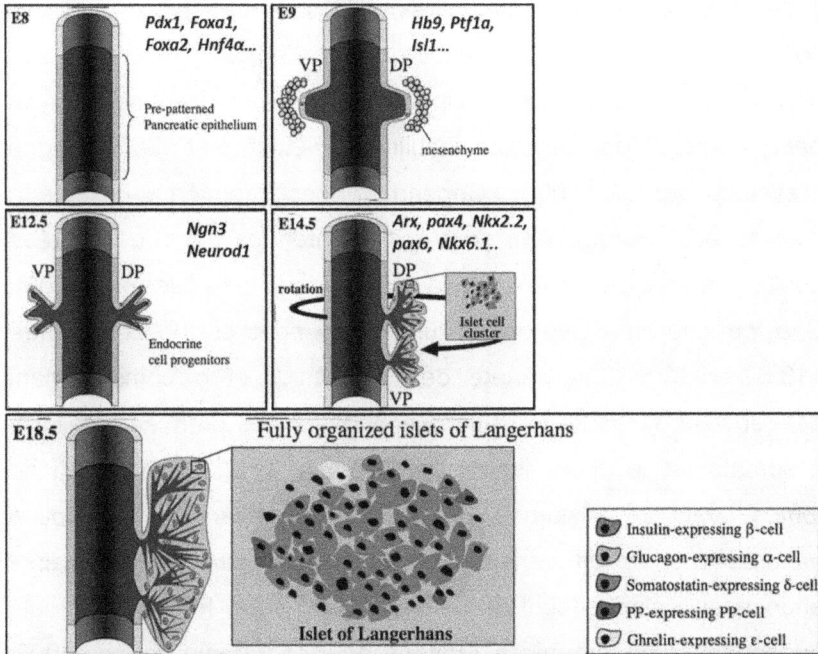

Figure 6 : Représentation schématique de la formation du pancréas chez la souris. À e8, les bourgeons pancréatiques dorsal et ventral sont visibles. Les progéniteurs de cellules endocrines commencent à se différencier. La croissance et la ramification des deux bourgeons continuent jusque e12.5, suivies d'une rotation du bourgeon ventral (e14.5) et d'une fusion des deux bourgeons pour donner un pancréas fonctionnel (e18.5) (DP : bourgeon dorsal, VP : bourgeon ventral) (Habener *et al.*, 2005; Collombat *et al.*, 2006).

Au stade embryonnaire e8.5 chez la souris, le territoire présomptif du futur pancréas est déterminé et exprime *Pdx1* (Ohlsson *et al.*, 1993). Cependant, les premiers signes morphologiques de développement du pancréas sont observables à e9.5 avec l'apparition d'un bourgeon dorsal et d'un bourgeon ventral à partir du tube intestinal (Gittes, 2009). À ce stade, quelques cellules différenciées exprimant le glucagon apparaissent au niveau de l'épithélium pancréatique. Un jour plus tard, on peut détecter un petit nombre de cellules insuline co-exprimant le glucagon (Teitelman *et al.*, 1993). Cependant, ces premières cellules à insuline et à glucagon ne sont pas maintenues dans le pancréas adulte : ce sont des cellules de la transition primaire (Herrera, 2000). Une formation massive des cellules endocrines est observée entre e13.5 – e15.5. Elle génère des cellules β et α complètement différenciées : c'est la transition secondaire. Les premières cellules à somatostatine apparaissent également à e15.5. À e18 peu de temps avant la naissance, les cellules exprimant le polypeptide pancréatique se différencient et tous les sous-types cellulaires endocrines commencent à se regrouper pour former des îlots endocrines bien organisés (Johansson and Grapin-Botton, 2002; Rojas *et al.*, 2010). Les premières cellules ε sont détectables dès le jour embryonnaire e10.5. Elles augmentent progressivement au cours du développement et sont localisées avant la naissance à la périphérie des îlots endocrines (Prado *et al.*, 2004; Heller *et al.*, 2005; Wang *et al.*, 2008). Chez la souris, les bourgeons dorsal et ventral génèrent les cellules endocrines et exocrines. La situation est différente chez le poisson zèbre. En effet, chez ce dernier, le bourgeon dorsal génère les cellules endocrines alors que le bourgeon ventral donne majoritairement des cellules exocrines (Field *et al.*, 2003).

1.1.4.2 Développement du pancréas chez le poisson zèbre

A Morphologie du pancréas chez le poisson zèbre

Au stade larvaire (4 jours après fécondation ou 4 dpf), le pancréas de poisson zèbre a une composition similaire à celle des mammifères. Il est constitué d'un tissu exocrine entourant un îlot endocrine unique. L'îlot se compose d'un domaine interne, où les cellules β productrices d'insuline et les cellules δ sécrétrices de somatostatine sont localisées, et d'une couche externe se composant de cellules α produisant le glucagon, et de cellules productrices de polypeptide pancréatique (figure 7) (Argenton *et al.*, 1999; Biemar *et al.*, 2001). Cette distribution des cellules endocrines semble être légèrement différente de celle observée chez les rongeurs où les cellules δ sont situées dans la couche externe et non dans la couche interne. Après le développement larvaire (5 dpf), des îlots endocrines additionnels se développent à partir des précurseurs localisés sur les canaux intra-pancréatiques (Parsons *et al.*, 2009; Wang *et al.*, 2011), et à l'âge adulte, des îlots multiples peuplent le parenchyme pancréatique (Pack *et al.*, 1996; Milewski *et al.*, 1998). Ces cellules endocrines tardives contribuent également à l'expansion de l'îlot endocrine principal. L'émergence des cellules endocrines tardives est considérée comme étant analogue à la seconde vague de différenciation observée chez les mammifères (Hesselson *et al.*, 2009; Parsons *et al.*, 2009; Wang *et al.*, 2011).

28

La morphologie et la structure du pancréas exocrine sont bien conservées entre les mammifères et le poisson zèbre. C'est un organe diffus et lobulé constitué d'acini et d'un réseau de canaux très ramifié. Les cellules acinaires sont regroupées en acini de forme pyramidale et synthétisent différents proenzymes et enzymes. Un réseau de petits canaux intercalaire récolte ces enzymes produits par les cellules acineuses. Ces canaux intercalaires déversent par la suite leur contenu dans des canaux plus larges connectés au canal pancréatique principal. Le réseau de canaux intra-pancréatiques (IPD) est donc constitué de tous ces canaux. On distingue, en plus de ces canaux, le canal hépato-pancréatique (HPD) qui est connecté au canal pancréatique principal au niveau de la partie antérieure de l'intestin (Edlund, 2002; Yee *et al.*, 2005; Kimmel *et al.*, 2011; Manfroid *et al.*, 2012).

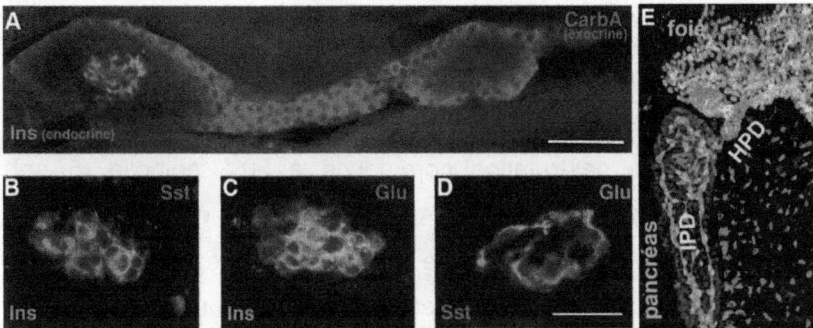

Figure 7 : Morphologie du pancréas chez le poisson zèbre. Le pancréas du poisson zèbre est composé d'un îlot unique logé dans la partie antérieure du tissu exocrine. (A) Immunohistochimie avec les anticorps anti-insuline et anti-carboxypeptidase qui marquent respectivement la partie endocrine en vert et l'exocrine en rouge. La partie centrale de l'îlot est composée de cellules à insuline et à somatostatine (B) entourée par les cellules à glucagon et le polypeptide pancréatique (C et D). (E) le système canalaire pancréatique est constitué de canaux intra-pancréatiques (IPD) connectés au système canalaire hépato-pancréatique (Biemar *et al.*, 2001; Manfroid *et al.*, 2012).

B Développement du pancréas chez le poisson zèbre

Le pancréas se forme à partir de l'endoderme qui se met en place tout comme les autres feuillets embryonnaires (mésoderme et ectoderme) au cours du processus de gastrulation (Kinkel and Prince, 2009). Nous décrirons brièvement dans le paragraphe ci-dessous la mise en place de l'endoderme et sa régionalisation antéro-postérieure et ensuite la spécification et l'organogenèse du pancréas.

Mise en place de l'endoderme

Les processus conduisant à la mise en place de l'endoderme sont relativement bien connus chez le poisson zèbre et débute avec la gastrulation. La gastrulation commence à 50% épibolie (5 hpf) lorsque la moitié du vitellus est recouverte par les cellules embryonnaires (figure 8A). Le mouvement d'épibolie continue durant toute la gastrulation jusqu'à ce que tout le vitellus soit recouvert par les cellules embryonnaires (10 hpf). Parallèlement, les mouvements d'invagination entrainent une internalisation des cellules marginales pour former une couche interne entre le sac vitellin et l'épiblaste. Cette couche interne appelée hypoblaste est par la suite ségrégée en endoderme qui reste au contact du sac vitellin, et du mésoderme. Par la suite, les mouvements de convergence et d'extension ramènent les cellules des trois feuillets embryonnaires du côté dorsal de l'embryon et contribuent aussi à la mise en place de l'axe embryonnaire (figure 8B). Les cellules de l'endoderme sont entrainées vers la ligne médiane ou elles formeront plus tard le tube digestif entre le sac vitellin et le mésoderme (Warga and Nusslein-Volhard, 1999; Webb and Miller, 2007; Pezeron *et al.*, 2008; Tehrani and Lin, 2011).

D'un point de vue moléculaire, plusieurs facteurs sont impliqués dans la mise en place de l'endoderme. Le feuillet endodermique, tout comme le mésoderme, est induit au niveau de la zone marginale du blastoderme (cellules en violet sur la figure 8A) par la sécrétion des molécules appartenant à la famille Nodal qui fait partie de la superfamille des TGFβ (transforming growth factor). Ces molécules régulent l'expression des facteurs de transcription à boite homéotique Sox17 et Sox32 qui sont nécessaires pour le développement de l'endoderme (Stainier, 2002).

Quelques signaux impliqués dans la régionalisation antéro-postérieur de l'endoderme et le développement du pancréas

Plusieurs morphogènes contribuent au développement précoce du pancréas chez le poisson zèbre. On y retrouve les signalisations hedgehog, acide rétinoïque, FGF et BMP.

L'acide rétinoïque est un signal diffus produit principalement dans le mésoderme. Il est nécessaire pour la spécification du domaine pancréatique à la fin du processus de gastrulation (8 – 13 hpf). En effet, les embryons de poisson zèbre mutés pour le gène *raldh2* qui code pour une enzyme nécessaire à la synthèse de l'acide rétinoïque, n'ont pas de pancréas endocrine et exocrine. Les marqueurs de progéniteurs pancréatiques sont également absents chez ces mutants. En revanche, l'expression d'acide rétinoïque exogène pousse l'endoderme à adopter un destin pancréatique (Begemann *et al.*, 2001; Stafford and Prince, 2002; Kinkel and Prince, 2009).

La notochorde joue aussi un rôle capital pour induire le bourgeon pancréatique dorsal. En effet, le mutant « floating head » dépourvu de notochorde ne génère pas de bourgeon dorsal (Biemar *et al.*, 2001). Chez le poisson zèbre, le signal émis par la notochorde est sonic hedgehog (sHH) et celui-ci est nécessaire à la fin de la gastrulation entre 8 hpf et 11 hpf. Dans les mutants smu (récepteur hedgehog (HH)) et syu (shh), le bourgeon dorsal ne se forme pas et une expression ectopique de sHH dans les mutants « floating head » permet d'induire les marqueurs du bourgeon dorsal (Chung and Stainier, 2008).

Les FGF jouent également un rôle crucial dans le développement du pancréas. Manfroid et al. ont montré que Fgf10 et Fgf24 agissent de façon redondante sur la plaque mésodermique latérale pancréatique et sur l'endoderme pour spécifier le bourgeon ventral. Les doubles mutants *fgf10 ; fgf24* forment le bourgeon pancréatique dorsal mais pas le bourgeon ventral ; le bourgeon hépatique est proéminent et semble être induit à la place du bourgeon pancréatique ventral (Manfroid *et al.*, 2007; Naye *et al.*, 2012).

La voie de signalisation BMP joue un rôle crucial durant la gastrulation pour la mise en place de l'axe dorso-ventral (Tiso *et al.*, 2002; Poulain *et al.*, 2006). Il a également une influence sur le développement du pancréas durant la somitogenèse (entre 10 hpf et 24 hpf). A un stade précoce (14 hpf), BMP2b, secrété par le mésoderme latéral, agit sur l'endoderme pour favoriser le destin hépatique au détriment du destin pancréatique (Chung *et al.*, 2008). Cependant, à un stade ultérieur (20-24 hpf), la formation du bourgeon pancréatique ventral requiert la sécrétion de BMP2a par le même mésoderme latéral. Ceci souligne l'importance du stade de développement pour l'activité des molécules de signalisation.

Formation des bourgeons pancréatiques

Les événements moléculaires qui conduisent au développement du pancréas chez les mammifères et le poisson zèbre semblent bien conservés (Milewski *et al.*, 1998; Huang *et al.*, 2001; Yee *et al.*, 2001; Stafford *et al.*, 2004; Kim *et al.*, 2006). Contrairement aux mammifères, chez le poisson zèbre, le bourgeon dorsal génère uniquement les cellules endocrines tandis que le bourgeon ventral génère les cellules exocrines et un petit supplément de cellules endocrines (Field *et al.*, 2003). Des travaux récents ont montré qu'à 120 hpf, on distingue dans le pancréas, une population de cellules β issue du bourgeon ventral. Ces cellules se forment à partir des précurseurs endocrines situés sur le système canalaire intra-pancréatique. Une partie de ces cellules gagnera l'îlot principal tandis que l'autre constituera des îlots secondaires peuplant le parenchyme pancréatique (Li *et al.*, 2009; Wang *et al.*, 2011).

La figure 8 récapitule les étapes majeures du développement embryonnaire du pancréas chez le poisson zèbre. Le pancréas se forme à partir du feuillet endodermique qui, chez le poisson zèbre, dérive des cellules situées autour de la région équatoriale de l'embryon à 4 hpf (Warga and Nusslein-Volhard, 1999). Comme chez la souris, un des marqueurs précoces du primordium pancréatique chez le poisson zèbre est le gène à homéodomaine *pdx1* (*pancreatic and duodenal homeobox 1*). Au stade 10 somites (14 hpf), *pdx1* est exprimé dans deux domaines bilatéraux de l'endoderme, adjacents à la ligne médiane de l'embryon (Figure 8C) (Biemar *et al.*, 2001). Tous les types cellulaires endocrines et exocrines dérivent de cellules progénitrices exprimant *pdx1*. Chung *et al.* ont montré que, chez le poisson zèbre, les cellules se trouvant tout près de la ligne médiane et exprimant fortement *pdx1* donneront des cellules endocrines alors que les cellules plus latérales exprimant faiblement *pdx1* donneront le tissu exocrine et l'intestin (Chung *et al.*, 2008). Une inactivation de ce facteur par l'injection de morpholinos oligonucléotides entraine une réduction du pancréas endocrine et exocrine (Huang *et al.*, 2001; Yee *et al.*, 2001). Cela confirme le rôle central de Pdx1 dans le développement embryonnaire du pancréas. À 12 somites (15 hpf), les premières cellules insuline positives sont détectables de part et d'autre de la ligne médiane (figure 8D). Ces cellules insuline positives ainsi que les cellules *pdx1* positives vont migrer et se rassembler à 18 hpf au niveau de la ligne médiane. À 24 hpf, le bourgeon pancréatique dorsal contenant l'îlot endocrine est bien visible (figure 8E) (Biemar *et al.*, 2001; Huang *et al.*, 2001; Roy *et al.*, 2001). Les cellules exprimant la somatostatine apparaissent au stade 16 somites (17 hpf), et celles exprimant le glucagon à 24 somites (21 hpf)(Argenton *et al.*, 1999).

Le second bourgeon pancréatique, le bourgeon ventral, émerge à partir de la portion ventrale du tube digestif et antérieurement par rapport au bourgeon dorsal à partir de 32 hpf (figure 8F). Ce bourgeon, qui exprime *ptf1a*, génère tout le pancréas exocrine, les canaux et une petite proportion de cellules endocrines. Par la suite, le bourgeon ventral croit vers le bourgeon dorsal de telle sorte que les deux bourgeons fusionnent à 48 hpf pour former un seul organe (figure 8G). A 76 hpf, l'îlot endocrine est logé dans le tissu exocrine du pancréas qui exprime déjà des marqueurs exocrines (carboxypeptidase A2, trypsine) et canalaires (*nkx2.2a*) (figure 6H) (Field *et al.*, 2003).

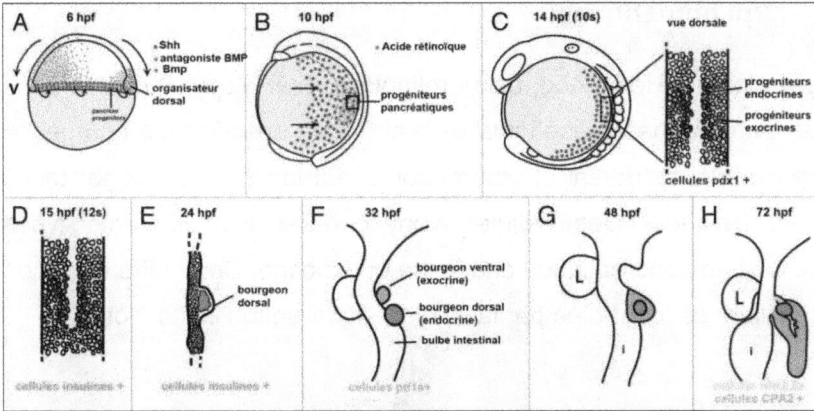

Figure 8 : Les étapes de développement embryonnaire du pancréas chez le poisson zèbre. Au début de la gastrulation (5 – 6hpf) (A), les progéniteurs endodermiques (violet) sont situés à la « marge » du blastoderme. Les précurseurs pancréatiques sont quant à eux situés à proximité de « l'organisateur dorsal », une région pauvre en activité BMP due notamment à la sécrétion des antagonistes des BMP (pourpre) par l'organisateur dorsal. Ce dernier sécrète également des ligands sonic hedgehog (bleu), qui sont nécessaires à la formation du pancréas endocrine, en partie en limitant les effets répressifs de signaux BMP. Pendant la gastrulation, les mouvements d'invagination entrainent une internalisation des progéniteurs endodermiques. A la fin de la gastrulation (B), l'endoderme se compose d'un feuillet recouvrant le sac vitellin et les signaux émis par le mésoderme spécifient le tissu pancréatique. Les cellules endodermiques commencent leur migration vers la ligne latérale. (voir texte pour formation du pancréas)(adapté de (Tiso *et al.*, 2009; Tehrani and Lin, 2011)).

1.1.5 Rôle de la signalisation Delta-Notch dans le contrôle de la différenciation des cellules pancréatiques

Les signaux Hedgehog, acide rétinoique, FGF et BMP décrits dans les paragraphes précédents permettent de spécifier les bourgeons pancréatiques dorsal et ventral contenant les cellules progénitrices pancréatiques. Ces cellules vont générer les différents types cellulaires pancréatiques endocrine et exocrine. Cette différenciation cellulaire est contrôlée par la voie de signalisation Delta-Notch.

La signalisation Delta-Notch ou mécanisme d'inhibition latérale

La voie de signalisation Delta-Notch est très fortement présente dans le règne animal. Delta-Notch est une voie de signalisation entre deux cellules au contact l'une de l'autre. Elle permet d'empêcher la différenciation des cellules progénitrices lorsque les cellules adjacentes expriment les protéines membranaires de la famille Delta. Ces protéines Delta se lient aux récepteurs Notch qui sont au nombre de quatre chez les mammifères (Kim *et al.*, 2010; Ables *et al.*, 2011). L'hypothèse de l'implication de la signalisation Delta-Notch dans la différenciation des cellules endocrines pancréatiques est venue tout d'abord de l'observation du mode très particulier de leur émergence au sein de l'épithélium pancréatique, qui évoque en partie celui de la formation des neurones. En effet, les deux types cellulaires (pancréatique et neuronale) apparaissent de façon individualisés à partir des progéniteurs (Grapin-Botton *et al.*, 2001). Au niveau moléculaire, plusieurs gènes (*Neurogénine*,

NeuroD) impliqués dans le programme de différenciation des cellules endocrines pancréatiques sont également impliqués dans la neurogenèse (Docherty, 2001; Grapin-Botton *et al.*, 2001; Chakrabarti and Mirmira, 2003). De plus, les ligands de Notch, Dll1, Dll3, Jag1 et Jag2 sont exprimés au cours du développement pancréatique (Lammert *et al.*, 2000). Une autre cible de Notch, hes1, est également exprimée dans le pancréas (Jensen *et al.*, 2000; Gittes, 2009).

L'implication de la voie Delta-Notch dans le développement du pancréas chez la souris a été démontrée par des expériences d'invalidation de ligands ou de cibles de cette voie. En effet, l'invalidation de *Dll1*, *Hes1* et *Rbp-Jk* induit une augmentation de la différenciation endocrine précoce au dépens du pool de progéniteurs pancréatiques et une inhibition de la différenciation exocrine (Apelqvist *et al.*, 1999; Jensen *et al.*, 2000). Le gène pro-endocrine *Ngn3* induit l'expression du ligand Delta, qui se fixe au récepteur et active la signalisation Notch dans la cellule adjacente. Par la suite, Hes1, une cible directe de la voie Notch, réprime *Ngn3* et indirectement inhibe la différenciation endocrine. Par conséquent, la cellule dans laquelle la voie Notch est activée maintient sa capacité proliférative alors que la cellule dans laquelle la voie n'est pas activée, exprime *Ngn3* et se différencie en cellule endocrine (figure 9). Il a également été montré que l'activation ectopique de la voie Notch, dans des explants pancréatiques murins en culture, entraine une réduction de la différenciation exocrine. Ces résultats montrent que, chez la souris, la voie Notch prévient le passage excessif de précurseurs vers l'état endocrine et qu'elle est

38

également nécessaire à la régulation de la différenciation du tissu exocrine (Esni *et al.*, 2004).

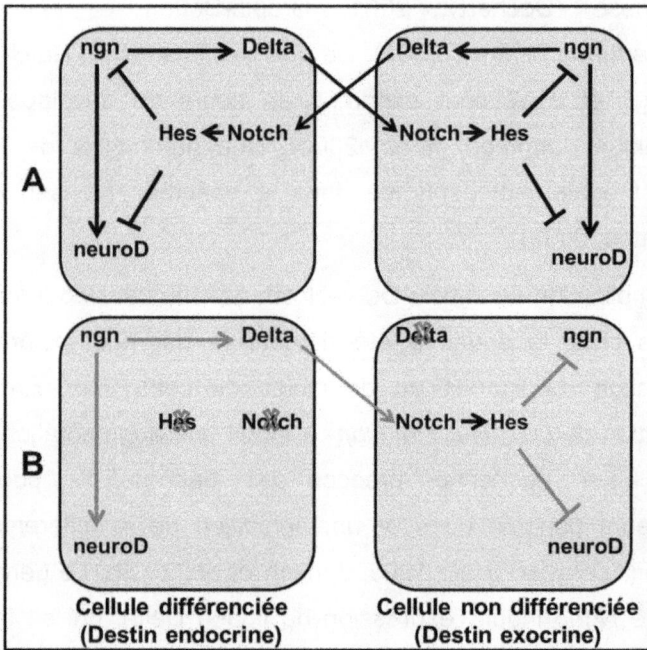

Figure 9: Mécanisme d'inhibition latérale au sein de l'épithélium pancréatique (voie de signalisation Delta-Notch). Cette voie de signalisation implique une communication entre deux cellules à travers des récepteurs membranaires codés par le gène *Notch* et des ligands membranaires codés par le gène *Delta*. Lorsque Notch interagit avec son ligand Delta, il y a clivage du domaine intracellulaire (IC) de Notch. Ce domaine se lie par la suite au facteur de transcription Rbp-Jk activant ainsi la transcription des gènes de la famille « hairy enhancer of split » Hes. Le gène *Hes* code un facteur de transcription BHLH qui réprime l'expression de *Ngn3*, entrainant à son tour une répression de la différenciation endocrine. Les précurseurs pancréatiques sont initialement équipotents (A) et deviennent par la suite déterminés suite à la liaison de Notch à son ligand Delta (B). (Adapté de (Docherty, 2001; Kim *et al.*, 2010)).

Chez le poisson zèbre, la voie Delta-Notch régule également la différenciation des cellules progénitrices pancréatiques comme décrit chez la souris. L'implication de cette voie a été étudiée par analyse du mutant *mind bomb*. Ce mutant contient une mutation « null » dans une ubiquitine ligase qui est nécessaire pour que le ligand Delta active le récepteur Notch (Koo *et al.*, 2005). Le mutant *mind bomb* (*mib*) a été utilisé pour déterminer le rôle de Notch dans le développement précoce du pancréas chez le poisson zèbre. À 24 hpf, un excès de cellules β et δ accompagné d'une diminution de cellules α est observé dans le pancréas de ces mutants. Le nombre élevé de cellules β et δ serait dû à une différenciation endocrine accentuée et l'absence de cellules α à un manque de progéniteurs pancréatiques. En d'autres termes, l'ordre d'apparition serait à l'origine de cette absence de cellules α qui apparaissent en dernier lieu chez le poisson zèbre (Zecchin *et al.*, 2007).

Comme chez la souris, la signalisation Notch est aussi nécessaire pour la différenciation des cellules exocrines chez le poisson zèbre. En effet, les gènes de la voie Notch répriment activement la différenciation des cellules acinaires. L'analyse des mutants *mib* montre une différenciation accélérée du pancréas exocrine confirmant le rôle inhibiteur de la voie de signalisation Notch sur la régulation de la différenciation exocrine (Esni *et al.*, 2004). Certains travaux ont également montré que l'inhibition de la voie Notch, à travers le knockdown de ses ligands, affectait la formation des canaux intra-pancréatiques suggérant que Notch serait nécessaire à la différenciation du lignage canalaire pancréatique (Lorent *et al.*, 2004; Yee *et al.*, 2005).

40

La signalisation Notch semble également exercer un contrôle à des stades plus tardifs de différenciation. Les travaux menés par Parsons *et al.* ont montré que l'inhibition de la voie Notch entre 3 dpf et 5 dpf induit une différenciation endocrine avec la formation précoce des îlots secondaires. En effet, les auteurs ont utilisé le DAPT, un inhibiteur de la γ-sécrétase qui est une enzyme nécessaire à l'activation de la voie Notch, pour traiter les embryons transgéniques à 3 dpf pendant 48 heures. Le traitement au DAPT entraine une perte concomitante des « pancreatic Notch-responsive cells » situés dans l'épithélium canalaire avec une apparition de plusieurs cellules α et quelques cellules β le long de la queue du pancréas. Ces résultats suggèrent que les « pancreatic Notch-responsive cells » agiraient comme des précurseurs endocrines (Parsons *et al.*, 2009; Manfroid *et al.*, 2012).

1.1.6 Quelques facteurs de transcription contrôlant le développement du pancréas

Pendant longtemps, on a cru que le pancréas endocrine dérivait des cellules de la crête neurale et non de l'endoderme car il existe une grande similitude entre les deux tissus. En effet, les facteurs de transcription à homéodomaine PAX6, NKX2.2, NKX6.1, ISL1, HLXB9 et MNR2, et de type basique hélice-boucle-hélice NGN3 et NEUROD, sont exprimés dans le pancréas endocrine et le tube neural. Leur expression dans le tube neural et leur fonction dans la différenciation des sous-types de neurones sont bien caractérisées (Johansson and Grapin-Botton, 2002).

Une fois les bourgeons pancréatiques exprimant certains facteurs de transcription tels que PDX1 établis, les cellules progénitrices de ces bourgeons se différencient de façon séquentielle en différents types cellulaires pancréatiques matures. Les cellules d'un type particulier ne se différencient pas toutes en même temps et les précurseurs acquièrent au cours du processus de différenciation une identité transcriptionnelle spécifique d'un type cellulaire particulier. Les expériences d'inactivation et d'induction de l'expression de gènes réalisées chez la souris ont donné de précieux renseignements sur le rôle de ces facteurs, et ont aussi permis de déterminer les possibles relations existantes entre ces derniers. Des études de destin cellulaire réalisées chez la souris ont également démontré que les types cellulaires pancréatiques se différencient à partir d'un pool commun de progéniteurs (Herrera, 2000; Gu *et al.*, 2003). La figure 10 montre que certains facteurs de transcription sont nécessaires à la différenciation de l'ensemble des cellules endocrines alors que d'autres sont spécifiques à certains types cellulaires. Certains de ces facteurs sont conservés entre la souris et le poisson zèbre. Cette figure résume aussi ce qui est connu de leur fonction chez la souris. De nombreux facteurs de transcription nécessaires à l'organogenèse du pancréas, tels que PDX1, P48, ISL1 et PAX6, persistent chez l'adulte et activent l'expression des hormones et des enzymes (Edlund, 1998; Johansson and Grapin-Botton, 2002; Kinkel and Prince, 2009).

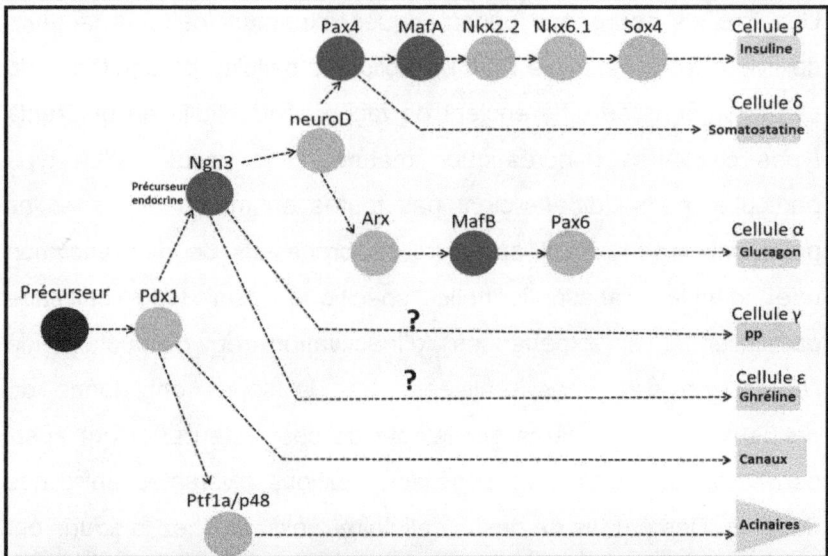

Figure 10 : Facteurs de transcription impliqués dans les différentes étapes de différenciation en cellules exocrines et endocrines chez la souris et le poisson zèbre. Les lignages sont basés sur les données obtenus chez la souris. Certains facteurs ont déjà été identifiés dans le pancréas du poisson zèbre (ronds verts), alors que d'autres ne le sont pas encore (ronds mauves). Il est important de mentionner que les fonctions ne sont pas forcément conservées entre la souris et le poisson zèbre (adapté de (Kinkel and Prince, 2009)).

Dans la suite de cette section, nous allons aborder uniquement quelques facteurs de transcription que nous jugeons très importants pour le développement du pancréas.

1.1.6.1 Les facteurs de transcription régulateurs des progéniteurs pancréatiques

A PDX1

PDX-1 code un facteur de transcription à homéodomaine et est exprimé dans tout l'épithélium pancréatique dès le stade e8.5 chez la souris. De e10 à e11.5, son expression est étendue à une partie de l'estomac, le canal biliaire et le duodénum (Ahlgren *et al.*, 1996). Des expériences de marquage de lignées cellulaires ont montré que toutes les cellules pancréatiques adultes dérivent des cellules progénitrices exprimant *Pdx1*. *Pdx1* est d'abord exprimé de manière uniforme pendant la prolifération des bourgeons pancréatiques, puis son expression se limite aux cellules β et est plus faible dans les précurseurs indifférenciés (Guz *et al.*, 1995; Jensen *et al.*, 2000).

Des études ont montré que les souris *Pdx1 -/-* sont dépourvues de pancréas à la naissance (Jonsson *et al.*, 1994; Offield *et al.*, 1996). Le bourgeon dorsal est tout de même présent dans les embryons et contient quelques cellules exprimant l'insuline et le glucagon (Ahlgren *et al.*, 1996; Offield *et al.*, 1996). D'autres auteurs se sont également intéressés au rôle de *Pdx1* dans la différenciation pancréatique. C'est ainsi qu'il a été montré que *Pdx1* pouvait induire précocement l'expression des facteurs de transcription NKX2.2 et NKX6.1 ainsi que la formation d'une structure similaire au bourgeon pancréatique (Pedersen *et al.*, 2005). Ceci montre que *Pdx1* ne serait pas requis pour l'initiation du bourgeon pancréatique, ni pour la formation des cellules endocrines précoces, mais serait nécessaire pour les étapes tardives du développement pancréatique (Gittes, 2009). *Pdx1* joue un rôle dans la différenciation terminale des cellules β en induisant l'expression de l'insuline, glut2 (glucose transporter 2), glucokinase et iapp (islet amyloid polypeptide) (Edlund, 2001) et est nécessaire au maintien et la survie des cellules β (Holland *et al.*, 2002).

Le facteur de transcription Pdx1 a également été identifié chez le poisson zèbre. Son expression débute à 14 hpf et marque les cellules de part et d'autre de la ligne médiane. Les cellules exprimant fortement *pdx1* et se trouvant tout près de la ligne médiane donneront des cellules endocrines alors que les cellules plus latérales, exprimant faiblement *pdx1,* donneront le tissu exocrine et l'intestin (Chung *et al.*, 2008). Une inactivation de ce facteur par l'injection de morpholino oligonucléotides entraine une réduction du tissu pancréatique endocrine et exocrine. On observe une forte diminution de l'expression de toutes les hormones pancréatiques et de la carboxypeptidase (marqueur tissu exocrine) (Huang *et al.*, 2001; Yee *et al.*, 2001). Une étude récente a montré que *pdx1* est aussi requis pour la différenciation des îlots endocrines tardifs (Kimmel *et al.*, 2011). Tout ceci confirme que *pdx1* joue un rôle primordial dans le développement du pancréas.

B PTF1A/p48

PTF1A est un facteur de transcription à bHLH qui est exprimé dans les précurseurs de tous les types cellulaires pancréatiques (endocrine, exocrine et canalaire) à partir du stade e9.5 chez la souris. Au cours du développement, l'expression de *Ptf1a* se restreint aux cellules acinaires où il active directement les gènes impliqués dans la différenciation exocrine tel que *Mist1* (Krapp *et al.*, 1996). Il joue un rôle majeur dans la spécification du pancréas chez

45

la souris. En effet, les souris *Ptf1a -/-* sont dépourvues de tissu exocrine (Krapp *et al.*, 1996). La formation du pancréas endocrine est également influencée lorsque *Ptf1a* est inactivé. En effet, Krapp et al. ont montré que les cellules pancréatiques endocrines se développent normalement chez les souris *Ptf1a-/-* jusqu'à e16.5. À la naissance, les cellules du pancréas endocrine sont plutôt détectées dans la rate (Krapp *et al.*, 1998). Des expériences de traçage cellulaire ont également montré que chez les souris *Ptf1a-/-*, les cellules qui étaient destinées à être pancréatiques sont plutôt intestinales (Kawaguchi *et al.*, 2002).

Chez le poisson zèbre, *ptf1a* est exprimé à partir de 32 hpf uniquement dans le bourgeon ventral à partir duquel se forme le pancréas exocrine. Ainsi, les cellules issues du bourgeon dorsal ne sont pas affectées dans les morphants *ptf1a* qui n'ont plus de tissu exocrine (Zecchin *et al.*, 2004). Récemment, Dong *et al.* ont montré, en utilisant le mutant *akreas* (mutant hypomorphe *ptf1a*), que le niveau de Ptf1a pouvait avoir une influence sur le destin des cellules pancréatiques issues du bourgeon ventral. Dans ce dernier, les cellules avec un niveau élevé de Ptf1a adoptent un destin exocrine alors que celles avec un faible niveau de Ptf1a opteront pour un destin endocrine. Ceci montre que *ptf1a*, en plus de son rôle dans la différenciation exocrine, intervient aussi dans la décision du destin des cellules de type endocrine (Dong *et al.*, 2008).

1.1.6.2 *Facteurs de transcription impliqués dans la différenciation endocrine*

A Neurogénine 3 (NGN3)

Le facteur de transcription NGN3 code une protéine de type bHLH qui est un régulateur essentiel du développement endocrine chez la souris. Le gène proneural *Ngn3*, dont l'activation dépend de la voie de signalisation Delta-Notch, induit successivement un autre gène clé de la différenciation endocrine NeuroD1 (Huang *et al.*, 2000), puis le gène codant la protéine à homéodomaine de type paired *Pax4* (Edlund, 1998; Schwitzgebel *et al.*, 2000). Cependant, *Ngn3* n'est pas exprimé dans les cellules matures. Chez la souris, son expression dans l'épithélium pancréatique est détectable autour de e9. Par la suite, l'expression croit pour atteindre son maximum à e15.5, puis décroit fortement à e17.5 (Apelqvist *et al.*, 1999; Gradwohl *et al.*, 2000). À la naissance, *Ngn3* n'est pas exprimé dans les cellules endocrines matures exprimant les hormones. Ceci montre que *Ngn3* serait exprimé exclusivement dans les précurseurs de cellules endocrines (Schwitzgebel *et al.*, 2000; Gu *et al.*, 2002).

L'importance fonctionnelle du gène *Ngn3* a été confirmée par les effets de son invalidation par recombinaison homologue chez la souris. La perte de fonction de *Ngn3* entraine une agénésie du pancréas endocrine. Les souris meurent quelques jours après la naissance des suites d'hyperglycémie sévère (Gradwohl *et al.*, 2000). Ce résultat montre que *Ngn3* est requis pour la formation des cellules endocrines, il induirait chez les cellules progénitrices exprimant *Pdx1* leur engagement dans la voie de différenciation

47

endocrine. De plus, l'expression ectopique de *Ngn3* dans l'endoderme de poulet est suffisante pour induire la différenciation endocrine (Grapin-Botton *et al.*, 2001). Des résultats similaires ont été obtenus avec les explants pancréatiques de souris à e13.5 mis en culture avec NGN3 (Dominguez-Bendala *et al.*, 2005).

ngn3 a été identifié chez le poisson zèbre. Il est détecté dans l'hypothalamus à 30 hpf et dans le tube digestif à partir de 72 hpf. Contrairement à la souris, ce facteur n'est pas exprimé dans le pancréas du poisson zèbre et n'a aucune fonction au niveau du pancréas endocrine (Flasse et *al.*, manuscrit en préparation).

B NEUROD

NeuroD1 est un facteur de transcription bHLH qui a été caractérisé comme facteur requis pour la différenciation des différents types endocrines (facteur pro-endocrine) par Naya *et al.* Une inactivation de *NeuroD1* entraine une différenciation endocrine incomplète et induit également une apoptose des cellules endocrines chez la souris. A la naissance, les souriceaux meurent d'une hyperglycémie sévère (Naya *et al.*, 1997). Chez la souris, *NeuroD1* est exprimé dans les bourgeons pancréatiques à partir de e9.5 et son expression est restreinte aux cellules endocrines. NeuroD1 est une cible directe de *Ngn3* (Huang *et al.*, 2000). En effet, chez les souris *Ngn3-/-*, le gène *NeuroD1* n'est plus exprimé (Gradwohl *et al.*, 2000). A l'inverse, l'expression de *Ngn3* n'est pas modifiée dans les embryons *NeuroD1-/-* (Schwitzgebel *et al.*, 2000).

Chez le poisson zèbre, *neuroD1* est l'un des tous premiers régulateurs de la spécification du pancréas endocrine. Il est détecté dans les précurseurs endocrines autour de 14 hpf (10 somites). À 24hpf, *neuroD1* est détecté dans tout le lignage endocrine. Son expression persiste et on le détecte toujours dans les larves de 4 dpf ainsi que chez l'adulte (Korzh *et al.*, 1998). L'inactivation de ce facteur chez le poisson zèbre par injection de morpholinos entraine une perte complète des cellules à glucagon et à ghréline et une forte réduction du nombre de cellules à somatostatine. En revanche, le nombre de cellule à insuline ne varie pas statistiquement. En conclusion NeuroD1 serait essentiel pour la différenciation des cellules endocrines apparaissant tardivement comme les cellules δ, ε et α (Flasse *et al.*, manuscrit en préparation).

C Islet1 (ISL1)

Islet1 est un facteur de transcription de la famille des protéines à homéodomaine LIM. Il est exprimé à travers le mésenchyme dorsal lors de la formation des bourgeons pancréatiques mais également au sein des bourgeons pancréatiques au niveau de toutes les cellules endocrines. Dans les mutants *Isl1*, le mésenchyme est largement absent, et l'expression de *Pdx1* dans l'épithélium adjacent dorsal est réduite (Ahlgren *et al.*, 1997). *In vitro*, le bourgeon dorsal mutant ne se différencie pas en cellules exocrines, alors qu'il y parvient lorsqu'il est co-cultivé avec du mésenchyme sauvage montrant que *Isl1* est nécessaire dans le mésenchyme (Murtaugh and Melton, 2003). Les cellules endocrines ne se différencient pas dans les embryons de souris *Isl1-/-* (Thor *et al.*, 1991; Ahlgren *et al.*, 1997). Récemment, Du *et al.* ont montré avec un mutant conditionnel *Isl1*, que la perte de islet1 à partir de e13.5 entraine une réduction de la différenciation de tous les types cellulaires endocrines à l'exception des cellules ε. Ils ont également noté une réduction de la prolifération des cellules endocrines au cours de la formation des îlots à partir de e18.5 (Du *et al.*, 2009).

isl1 est exprimé dans le primordium pancréatique à partir de 12 somites chez le poisson zèbre. Son expression se maintient dans toutes les cellules endocrines et est également détectée dans le mésoderme latéral adjacent au bourgeon pancréatique ventral. L'inactivation d'*isl1* entraine une perte partielle du tissu exocrine (Biemar *et al.*, 2001; Manfroid *et al.*, 2007).

1.1.6.3 Facteurs de transcription impliqués dans la spécification de types cellulaires endocrines

La spécification de sous-types cellulaires endocrines distincts nécessitent les activités concertées des facteurs de transcription tels que PAX6, PAX4, ARX, NKX2.2, NKX6.1 et NKX6.2 (Sosa-Pineda *et al.*, 1997; St-Onge *et al.*, 1997; Sussel *et al.*, 1998; Sander *et al.*, 2000; Collombat *et al.*, 2003; Binot *et al.*, 2010, in press; Kordowich *et al.*, 2011).

A PAX6

PAX6 est un facteur de transcription ayant deux domaines de fixation à l'ADN : un domaine paired et un homéodomaine. Il est exprimé précocement dans le pancréas de souris en développement à partir du jour embryonnaire e9 aussi bien dans le bourgeon dorsal que le bourgeon ventral. Son expression est restreinte aux cellules endocrines au cours du développement et à l'âge adulte (St-Onge *et al.*, 1997). Il joue un rôle important pendant la différenciation des cellules pancréatiques. La perte de fonction de *Pax6* chez la souris induit une absence de cellules α et une diminution notable du nombre de cellules β, δ et pp, et une augmentation d'expression de la ghréline (Sander *et al.*, 1997; St-Onge *et al.*, 1997; Ashery-Padan *et al.*, 2004). Les cellules restantes sont désorganisées et produisent peu d'hormones, indiquant une implication de *Pax6* dans les stades précoces de la morphogenèse des îlots endocrines (Ashery-Padan *et al.*, 2004).

Il existe deux copies du gène *pax6* chez le poisson zèbre à cause de la duplication de son génome. *Pax6a* est exprimé dans les yeux et le système nerveux alors que *pax6b* est exprimé dans le tissu endocrine du pancréas (Delporte *et al.*, 2008). L'inactivation de *pax6b* chez le poisson zèbre induit une disparition complète de cellules β, une forte diminution de cellules δ et une augmentation significative de cellules ε (Verbruggen *et al.*, 2010).

B Les facteurs NKX

Trois membres des protéines de la famille des « Nk-homéodomaine » sont exprimés dans le pancréas, NKX2.2, NKX6.1 et NKX6.2. Ils sont requis pour la différenciation de lignages endocrines. Chez la souris, *Nkx2.2* est exprimé dans le bourgeon pancréatique jusqu'à e13, chevauchant avec les cellules exprimant *Ngn3*. Son expression persiste dans les cellules α, β et pp matures. Son inactivation empêche la différenciation des cellules β, réduit le nombre de cellules α et pp mais n'affecte pas le nombre de cellules δ (Sussel *et al.*, 1998). En l'absence de ce gène, s'accumulent de nombreux précurseurs partiellement différenciés mais n'exprimant pas les hormones (Rojas *et al.*, 2010).

Nkx6.1 est exprimé dans tout l'épithélium pancréatique jusqu'au jour embryonnaire e10.5 chez la souris. Autour de e15, son expression est restreinte uniquement aux cellules β pancréatiques (Sander *et al.*, 2000). Le Knockout de ce gène induit une réduction des cellules β sans toutefois affecter les autres types cellulaires endocrines. *Nkx6.1* agirait en aval de *Nkx2.2* dans la cascade de différenciation de cellules β. En effet, l'expression de *Nkx2.2* n'est pas affectée dans les mutants *Nkx6.1* (Sander *et al.*, 2000) et les mutants *Nkx2.2* n'expriment pas *Nkx6.1* (Sussel *et al.*, 1998). De plus, le phénotype du double mutant *Nkx6.1* et *Nkx2.2* est identique à celui du simple mutant *Nkx2.2* (Sander *et al.*, 2000).

Nkx6.2 est exprimé à partir du jour embryonnaire e10.5 et son profil d'expression est similaire à celui de *Nkx6.1* (Nelson *et al.*, 2005). Les souris inactivées pour ce gène ne présentent apparemment pas d'anomalie pancréatique. Toutefois, l'inactivation simultanée de *Nkx6.1* et *Nkx6.2* induit une perte plus importante de la différenciation des cellules β et une perte partielle des cellules α (Henseleit *et al.*, 2005). Cela montre d'une part que *Nkx6.1* peut compenser partiellement la perte de *Nkx6.2* et inversement. D'autre part, que N*kx6.2* pourrait être nécessaire à la formation des cellules α. Il est aussi important de noter que *Nkx6.1* peut compenser totalement la perte de fonction de *Nkx6.2* car l'inactivation de ce dernier ne montre aucun effet sur la différenciation des cellules α (Henseleit *et al.*, 2005).

Ces trois facteurs de transcriptions ont également été identifiés chez le poisson zèbre. *nkx2.2a* est exprimé dans le primordium pancréatique à partir de 10 somites et son expression est limitée plus tard à l'îlot endocrine et aux canaux pancréatiques (Biemar *et al.*, 2001; Pauls *et al.*, 2007). Le knockdown de *nkx2.2a* induit une réduction du nombre de cellules β et α et une augmentation du nombre de cellules ε, mais n'affecte pas les cellules δ. La formation des canaux intrapancréatiques est également affectée chez ces embryons suggérant ainsi que *nkx2.2a* serait requis pour le développement des canaux (Pauls *et al.*, 2007).

Récemment, des travaux menés au sein de notre laboratoire ont montré que *nkx6.1* et *nkx6.2* sont co-exprimés à 6 somites dans les progéniteurs de cellules endocrines chez le poisson zèbre. Par la suite, les domaines d'expression se séparent graduellement et *nkx6.2* est alors exprimé dans les cellules β alors que *nkx6.1* est exprimé ventralement par rapport à l'îlot endocrine à 24 hpf. L'inactivation de l'expression de *nkx6.1* ou de *nkx6.2* par des morpholinos entraine une perte presque complète de cellules α sans toutefois affecter les autres types cellulaires endocriniens. En plus de l'absence de cellules α, une réduction significative des cellules β a été observée dans les embryons inactivés pour les deux gènes. Ces résultats montrent, d'une part, que les deux facteurs Nkx6 ont des fonctions similaires au cours de la différenciation des cellules α, et d'autre part, que les deux facteurs peuvent compenser mutuellement leur fonction au cours de la différenciation des cellules β (Binot *et al.*, 2010, in press).

C SOX4

SOX4 (SRY-like HMG-box4) est exprimé dans l'épithélium pancréatique pendant le développement embryonnaire. Cet expression pancréatique atteint son maximum entre e12.5 et e14.5 (Wilson *et al.*, 2005). Les souris inactivées pour le gène *Sox4* meurent à e14.5. À cause de cette mortalité précoce, le phénotype des mutants *Sox4-/-* n'est pas très bien décrit. Cependant, l'analyse d'explants pancréatiques prélevés à e11.5 et cultivés pendant huit jours montrent que les explants de mutants *Sox4-/-* ont moins de cellules endocrines, les cellules β étant les plus affectées (Wilson *et al.*, 2005).

Chez le poisson zèbre, à cause de la duplication de son génome, deux paralogues *sox4*, *sox4a* et *sox4b* sont présents. Seul *sox4b* est exprimé transitoirement dans le pancréas. Dès le stade 6 somites, le transcrit *sox4b* est détecté dans les cellules de l'endoderme pancréatique. À 24 hpf, *sox4b* est détectable dans le bourgeon pancréatique dorsal, par la suite, son expression diminue et aucune cellule Sox4b positive n'est observable aux environs de 40 hpf. Le knockdown de ce gène entraine une forte diminution du nombre de cellules à glucagon sans toutefois affecté les autres types cellulaires endocrines (Mavropoulos *et al.*, 2005).

D PAX4/ ARX

Pax4 et *Arx* jouent un rôle essentiel dans la différenciation des types cellulaires endocrines. L'inactivation du gène *Arx* chez la souris entraine une perte de cellules α, accompagnée d'une augmentation proportionnelle du nombre de cellules β productrices d'insuline et de cellules δ sécrétrices de somatostatine. Les souris sont hypoglycémiques et meurent quelques jours après la naissance (Collombat *et al.*, 2003). Contrairement à *Arx*, les souris invalidées pour le gène *Pax4* sont dépourvues de cellules β et δ et présentent un accroissement relatif du nombre de cellules α. Cette situation induit une hyperglycémie létale (Sosa-Pineda *et al.*, 1997).

L'implication de *pax4* et *arx* dans la différenciation pancréatique faisant l'objet de notre étude, la fonction de ces deux facteurs sera discutée plus en détails ultérieurement.

Le tableau ci-dessous récapitule brièvement l'expression et la fonction de plusieurs facteurs de transcription présents dans le pancréas chez le poisson zèbre ainsi que leur rôle chez les mammifères.

Gènes	Début d'expression	Domaines d'expression	Phénotype perte de fonction chez le poisson zèbre	Fonction chez les mammifères
sox4b	11.5 hpf	Primordium pancréatique (transitoire)	Réduction de cellules α	Réduction de cellules α et β
hb9 (hlxb9)	14 hpf	Pancréas endocrine Cellules β	Réduction ou perte de cellules β	Agénésie du bourgeon dorsal, îlot anormal
pdx1	1 4hpf	Primordium pancréatique, puis cellules endocrines aux stades tardifs	Perte de cellules β	DID, MODY4, hypoplasie du pancréas,
nkx2.2a	14 hpf	Pancréas endocrine, et canaux	Réduction cellules β et α, augmentation cellules ε, canaux affectés	Hyperglycémie
isl1	15 hpf	Pancréas endocrine et Mésoderme latéral	exocrine réduit	Perte des cellules endocrines et exocrines
pax6b	15 hpf	Primordium pancréatique	Absence de cellules β, diminution de cellules δ et une augmentation	Réduction production d'hormones

56

			de cellules ε	
neurod	16 hpf	Primordium pancréatique	ND	MODY6
hhex	18 hpf	Primordium pancréatique	ND	DNID
mnr2a	24 hpf	Pancréas exocrine	Réduction cellules acinaires	pas d'orthologue
hnf1b	26 hpf	Pancréas	forte réduction du pancréas	MODY5
ptf1a */p48*	32 hpf	Bourgeon ventral, puis cellules acinaires aux stades tardifs	canaux réduit	Agénésie pancréatique

Tableau II : Expression et fonction de quelques facteurs de transcription pancréatiques chez le poisson zèbre (adapté de sun et hopkins, 2001 ; kinkel et prince, 2009)

ND : non déterminé ; DID : diabète insulino dépendant ; DNID : diabète non insulino dépendant

1.2 La famille des gènes Pax

1.2.1 Généralités

Plusieurs familles de gènes ont des rôles dans la régulation du programme développemental. Parmi ces familles, on retrouve la famille des gènes *Pax*, qui codent pour des régulateurs clés impliqués dans le développement embryonnaire de plusieurs organes (Mansouri *et al.*, 1996; Dahl *et al.*, 1997; Mansouri *et al.*, 1999; Dohrmann *et al.*, 2000; Eccles *et al.*, 2002; Marsich *et al.*, 2003). Ils ont été isolés pour la première fois sur la base de leur homologie de séquences avec les gènes de segmentation (*paired, goosberry-distal et proximal*) de la drosophile (Bopp *et al.*, 1986; Cote *et al.*, 1987; Deutsch *et al.*, 1988).

1.2.2 Structure des gènes *pax*

Neuf gènes de la famille Pax (*Pax1 – Pax9*) ont été identifiés chez les mammifères (Mansouri *et al.*, 1999). Ils partagent un motif bien conservé appelé "**PA**ired bo**X**" d'où dérive le nom de la famille (**PAX**) (Treisman *et al.*, 1991). C'est un domaine de liaison à l'ADN de 128 acides aminés situé à l'extrémité amino-terminale de la protéine. Le domaine Paired a été hautement conservé pendant l'évolution et est présent chez les invertébrés et les vertébrés (Krauss *et al.*, 1991; Mansouri *et al.*, 1996). La structure du domaine paired a révélé qu'il est constitué de deux sous-domaines globulaires, le domaine "PAI" et le domaine "RED", chaque sous-domaine étant constitué de trois hélices α (figure 11)(Bopp *et al.*, 1989; Chi and Epstein, 2002).

Plusieurs protéines PAX possèdent un autre domaine de liaison à l'ADN appelé homéodomaine. L'homéodomaine est un motif hautement conservé de 60 acides aminés, comprenant, tout comme le domaine paired, trois hélices α et reconnaissant très souvent un motif TAAT/ATTA (Chi and Epstein, 2002). Un autre domaine hautement conservé de huit acides aminés appelé octapeptide existe dans toutes les protéines PAX à l'exception de PAX6 et de PAX4 (figure 11) (Wehr and Gruss, 1996). La suppression de ce domaine dans certains facteurs PAX a montré qu'il agissait comme inhibiteur transcriptionnel (Eberhard *et al.*, 2000).

Le domaine paired et l'homéodomaine étant des domaines de liaison à l'ADN, les protéines PAX agissent comme facteurs de transcription régulant l'expression de toute une série de gènes cibles (Mansouri *et al.*, 1996).

Un domaine supplémentaire est également présent dans certaines protéines PAX. C'est le domaine de transactivation situé à l'extrémité carboxyl-terminale de la protéine et riche en sérine et thréonine. Il serait responsable de l'activation de la transcription des gènes cibles (Eccles *et al.*, 2002).

Les gènes *Pax* ont été classés en plusieurs sous-groupes en fonction de l'homologie de séquences entre les domaines paired, de l'absence ou la présence de différents sous-domaines dans la protéine, leur organisation génomique mais aussi leurs domaines d'expression au cours du développement (voir tableau III) (Wehr and Gruss, 1996).

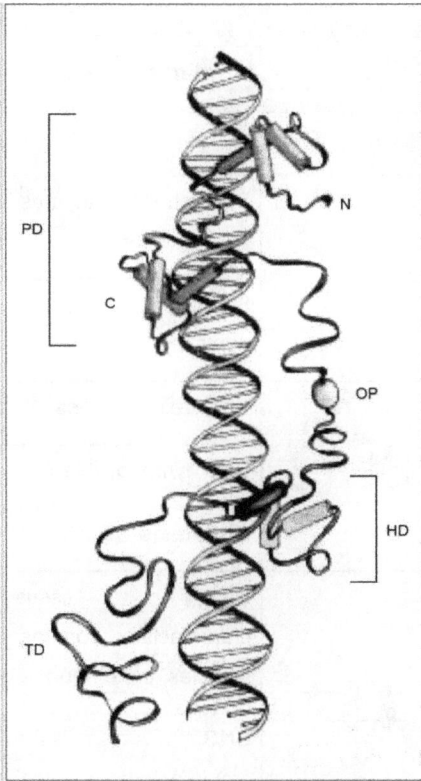

Figure 11: Structure des protéines PAX. Elles sont composées d'un domaine paired (PD) constitué de sous-domaines amino- et carboxyl-terminal, dont chacun est composé de trois hélices α. La troisième hélice de chaque sous-domaine (en rouge) est en contact avec le grand sillon de l'ADN. On y retrouve également un motif octapeptide (OP, en vert) suivi par un homéodomaine (HD) avec une structure en hélice-boucle-hélice. Le domaine de transactivation (TD) se trouve à l'extrémité carboxyl-terminale (Chi and Epstein, 2002).

Gène	Caractéristiques structurales					Domaines d'expression
	N-ter	PD	OP	HD	C-ter	
Pax1						Squelette, thymus, parathyroïde
Pax9						Squelette, thymus, dents
Pax2						CNS, reins, oreilles
Pax5						CNS, lymphocytes-B
Pax8						CNS, reins, thyroïde
Pax3						CNS, tissus craniofaciaux, somites, muscles, crête neurale
Pax7						CNS, tissus craniofaciaux, somites, muscles
Pax4						Pancréas, tube digestif, tube neural
Pax6						CNS, pancréas, tube digestif, yeux,

Tableau III : structure et domaines d'expression des protéines PAX chez les mammifères. Toutes les protéines PAX contiennent un domaine de liaison à l'ADN conservé de 128 acides aminés à l'extrémité amino-terminale appelé domaine paired (PD). Ils peuvent également contenir pour certains, un second domaine de liaison à l'ADN (homéodomaine) (HD) et un octapeptide (OP). Les gènes *Pax* d'un même sous-groupe partagent en commun une même organisation génomique et des profils

61

d'expression similaires suggérant une origine commune au cours de l'évolution (adapté de (Wehr and Gruss, 1996; Barr, 1997; Mansouri *et al.*, 1999; Dohrmann *et al.*, 2000; Chi and Epstein, 2002; Buckingham and Relaix, 2007)) (CNS : système nerveux central, N-ter : amino-terminale, C-ter : carboxyl-terminale, les hélices α sont représentées en violet).

1.2.3 Le gène *pax4* chez la souris

1.2.3.1 Généralités

Pax4 fait partie de la famille des gènes *Pax*. Il contient un domaine paired et un homéodomaine. Les deux domaines sont séparés par 36 acides aminés. L'homéodomaine est suivi par un domaine C-terminale de 121 acides aminés (Smith *et al.*, 1999). Il ne possède pas l'octapeptide, ni de région riche en proline - sérine - thréonine (Matsushita *et al.*, 1998). Chez la souris, le gène *Pax4* est situé sur le chromosome 6 (Dohrmann *et al.*, 2000). Le transcrit qui fait environ 1,38kb, donnera une protéine de 349 acides aminés (Inoue *et al.*, 1998; Matsushita *et al.*, 1998). L'organisation génomique de *Pax4* présente des similarités avec celle de *Pax6*. En effet, la région codante pour ces deux gènes *Pax* est composée de 10 exons, le domaine paired et l'homéodomaine étant codés tous deux par trois exons et la position des jonctions de chaque exon est identique dans la région codante de ces deux domaines (Inoue *et al.*, 1998).

1.2.3.2 Expression

L'expression de *Pax4* est tissu-spécifique, transitoire et largement restreinte aux stades embryonnaires (Sosa-Pineda *et al.*, 1997). Le transcrit *Pax4* est détectable uniquement dans quelques rares cellules du tube neural ventral et le pancréas (Dohrmann *et al.*, 2000). Dans le pancréas des embryons de souris, *Pax4* est détecté dès le stade embryonnaire e9.5 dans quelques cellules du bourgeon dorsal (figure 12A). Cette expression s'étend un jour plus tard au bourgeon ventral (Sosa-Pineda *et al.*, 1997). Plus tard, son expression est restreinte aux cellules β et δ du pancréas endocrine avec un pic d'expression situé entre e13.5 – e15.5, correspondant à la deuxième transition où la majorité des cellules β sont générées (Sosa-Pineda *et al.*, 1997; St-Onge *et al.*, 1997; Dohrmann *et al.*, 2000). À ce stade, les cellules *Pax4*+ co-expriment certains marqueurs endocrines comme *Ngn3* (figure 12B), *Insuline* (figure 12C) et *Isl1* (figure 12D) (Wang *et al.*, 2004). La co-expression de *Pax4* et *Ngn3* dans certaines cellules suggère que l'expression de *Pax4* apparaitrait en même temps ou peu de temps après la spécification du pancréas endocrine (Sosa-Pineda, 2004). De plus, des expériences *in vitro* indique que *Ngn3* active directement l'expression du gène *Pax4* dans les précurseurs endocrines (Smith *et al.*, 2003).

Récemment, Greenwood et *al.* ont généré des souris transgéniques exprimant la CRE récombinase sous le contrôle du promoteur *Pax4* pour suivre le destin des cellules *Pax4*. Les analyses de destin cellulaire ont montré que les précurseurs endocrines exprimant *Pax4* contribuent à part égale à tous les sous-types cellulaires du pancréas endocrine. Cette expression démontre que *Pax4* est exprimé dans les progéniteurs endocrines qui génèrent tous les sous-types cellulaires endocrines (Greenwood *et al.*, 2007).

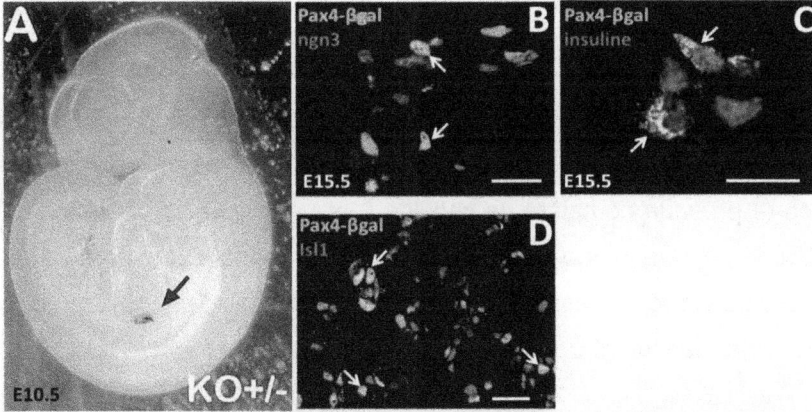

Figure 12: Expression de *Pax4*. (A) activité du gène rapporteur dans une lignée transgénique hétérozygote à e10.5 montrant l'expression de *Pax4* dans le pancréas. À e15.5, les cellules exprimant *Pax4* co-expriment (flèches) *Ngn3* (B), *Insuline* (C) et *Isl1* (D) qui sont tous des marqueurs endocrines (adapté de (Brink *et al.*, 2001; Wang *et al.*, 2004)).

À ce jour, il n'est pas clair si le gène *Pax4* reste exprimé dans le pancréas de souris adulte. Il a été rapporté que l'expression de *Pax4* diminue progressivement vers la fin de la gestation. À la naissance, seules quelques cellules *Pax4* positives sont encore détectables par immunomarquage (Sosa-Pineda *et al.*, 1997; Dohrmann *et al.*, 2000). Cependant, plusieurs études indépendantes ont détecté par RT-PCR, une technique plus sensible que les immunomarquages, le transcrit *Pax4* dans les îlots pancréatiques adultes chez le rat, la souris et l'humain (Heremans *et al.*, 2002; Kojima *et al.*, 2003; Zalzman *et al.*, 2003; Brun *et al.*, 2004; Theis *et al.*, 2004).

1.2.3.3 Fonction

La fonction du gène *Pax4* dans le développement du pancréas a été déterminée chez la souris par recombinaison homologue dans les cellules souches embryonnaires. La perte de *Pax4* provoque une perte presque complète de cellules β et une absence de cellules δ accompagnée d'une augmentation proportionnelle du nombre de cellules α sécrétrices de glucagon (Sosa-Pineda *et al.*, 1997). De ce résultat, découlent trois conclusions principales :

- *Pax4* est requis pour la différenciation des cellules β et δ, mais pas des cellules α (Sosa-Pineda *et al.*, 1997).

- Chez les souriceaux *Pax4-/-*, les cellules β et éventuellement les cellules δ ont été remplacées par les cellules α. En d'autres termes, en absence de *Pax4*, les précurseurs endocrines optent pour un destin de cellules α au détriment des destins β/δ (Sosa-Pineda *et al.*, 1997; Mansouri *et al.*, 1999; Dohrmann *et al.*, 2000). *Pax4* agirait donc en réprimant le programme de différenciation des cellules α favorisant ainsi le programme de différenciation β/δ (Smith *et al.*, 2000). Cette hypothèse a été confirmée par les travaux de Collombat *et al.* En effet, ils ont généré des souris dans lesquelles il était possible d'induire l'expression du gène *Pax4* au cours du développement pancréatique embryonnaire ou spécifiquement dans les cellules α. Cette expression ectopique de *Pax4* redirige les cellules α en cours de différenciation vers la différenciation β (Collombat and Mansouri, 2009).

- Les cellules β et δ pourraient dériver des mêmes précurseurs pancréatiques déterminés par *Pax4* (Sosa-Pineda *et al.*, 1997; Mansouri *et al.*, 1999).

Plusieurs travaux ont également montré que la perte de *Pax4* tout comme *Nkx2.2* et *Pax6* induit une augmentation de la population des cellules ε productrices de ghréline. *Pax4* semble agir directement sur le gène *Ghréline* pour réprimer son expression (Heller *et al.*, 2004; Prado *et al.*, 2004; Wang *et al.*, 2008).

En conclusion, *Pax4*, tout comme *Pax6*, est requis pour le choix du destin des sous-types cellulaires endocrines pancréatiques. Toutefois, le programme de différenciation des cellules β du pancréas endocrine nécessiterait en plus de *Pax4*, l'activité parallèle d'autres facteurs de transcription comme *Nkx2.2* (figure 13) (Wang *et al.*, 2004; Buckingham and Relaix, 2007).

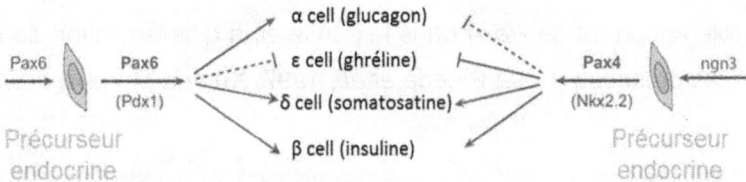

Figure 13: Fonction du gène *Pax4* chez la souris. La différenciation des cellules du pancréas endocrine dépend de la balance entre les facteurs *PAX4* et *PAX6*. *PAX6* est requis pour la différenciation des cellules α alors que *PAX4* qui est activé par *Ngn3*, est nécessaire pour la différenciation des cellules β et δ. L'activité parallèle de *Pax4* et *Nkx2.2* favorisent le programme de différenciation des cellules β. En outre, *Pax4* se lie aux promoteurs du gène de la ghréline et du glucagon et, de ce fait, réprime leur expression (adapté de (Sosa-Pineda *et al.*, 1997; Wang *et al.*, 2004; Buckingham and Relaix, 2007)).

Les souris invalidées pour le gène *Pax4* meurent quelques jours (3 – 5 jours) après la naissance des suites d'un manque d'insuline qui entraine une hyperglycémie létale (Sosa-Pineda *et al.*, 1997). Normalement, les premières cellules à insuline sont visibles autour de e8.5 – e9. Dans le pancréas des souris *Pax4-/-*, quelques cellules insuline sont identifiables à ce stade indiquant que *Pax4* n'est pas nécessaire pour la production des cellules β précoces. Ces cellules ne représentent pas les cellules β matures puisqu'elles n'expriment pas les marqueurs *MAFA* et *PDX1* qui sont exprimés dans les cellules β et nécessaires pour la maturation de ces cellules (Sosa-Pineda *et al.*, 1997; Wang *et al.*, 2004). Tout ceci permet de conclure que chez les souris *Pax4-/-*, seule la maturation des cellules β est défectueuse, l'engagement des progéniteurs vers le destin β/δ n'est pas affecté (Xu and Murphy, 2000). Toutefois, l'apparition de l'expression de *Pax4* autour de e9.5 et l'absence de cellules β matures dans le pancréas des souris *Pax4-/-* suggèrent un rôle important de *Pax4* dans la survie et la différenciation de ces cellules précoces (Sosa-Pineda *et al.*, 1997; Xu and Murphy, 2000).

1.2.3.4 Les éléments régulateurs du gène Pax4

Au cours des années 2000, plusieurs études ont été réalisées pour déterminer les éléments régulateurs du gène *Pax4*. Brink *et al.* ont identifié un fragment d'ADN de 0,9kb situé en amont du site d'initiation de la transcription capable de récapituler l'expression pancréatique de *Pax4 in vivo*. Dans ce fragment, les auteurs ont trouvé une région de 407pb montrant 88% de similarité avec la région homologue humaine. Les sites de liaison de quatre facteurs de transcription (NEUROD, PDX1, ISL1, HNF3β) impliqués dans la différenciation des cellules endocrines ont été trouvés dans cette région hautement conservée. La présence de ces sites suggère que ces quatre facteurs pourraient jouer un rôle essentiel dans la régulation du gène *Pax4* (Brink *et al.*, 2001).

Collombat *et al.* ont également identifié dans cette séquence régulatrice de 0,9Kb une région de 200pb située entre 400pb et 600pb où peut se lier la protéine ARX. Les expériences de chromatine immuno-précipitations (ChIP) et de co-transfections ont confirmé, d'une part, l'interaction de la protéine ARX avec cette région de 200pb du promoteur du gène *Pax4*, et d'autre part, l'inhibition de la transcription de ce gène *Pax4* par ce facteur ARX. Ces résultats suggèrent que ARX interagit directement avec une séquence de 200pb de la région promotrice du gène *Pax4* et réprime ainsi sa transcription (Collombat *et al.*, 2005).

Une autre étude réalisée chez la souris et avec des lignées cellulaires a montré qu'une séquence de 118pb située à 1,9kb en amont du site d'initiation de la transcription était nécessaire et suffisante pour diriger l'expression pancréatique de *Pax4*. Cette séquence contient des sites de liaisons pour les facteurs de transcription HNF4α, HNF1α, PDX1, NEUROD qui sont requis pour le fonctionnement des cellules endocrines et dont les gènes sont associés à certains diabètes (MODY). De plus, au moins deux sites de liaison pour le gène *Pax4* lui-même ont été trouvés dans cette région, suggérant que le gène *Pax4* est capable d'inhiber sa propre expression. Pour vérifier cette hypothèse, un plasmide rapporteur contenant le promoteur du gène *Pax4* a été co-transfecté avec un vecteur plasmidique exprimant la protéine PAX4. Les résultats ont montré que la protéine PAX4 réprime l'activité du promoteur indiquant que le promoteur du gène *Pax4* pourrait s'autoréguler (Smith *et al.*, 2000).

Par la suite, Smith *et al.* ont analysé le rôle de chaque facteur dans la régulation de l'expression du gène *Pax4*. La mutation des différents sites de liaison sur le promoteur a montré que les sites de liaison de *Hnf1α* et de *Ngn3* étaient les plus importants. Dans les expériences de co-transfection, une combinaison de *Ngn3* et *Hnf1α* active fortement le promoteur alors qu'aucun des deux facteurs ne peut le faire seul. Ce résultat suggère que la régulation de l'expression de *Pax4* par *Ngn3* nécessite une interaction physique entre *NGN3* et HNF1α (Smith *et al.*, 2003).

1.2.3.5 PAX4 et le gène cible Arx

Plusieurs travaux ont montré *in vitro* que le gène *Pax4* agissait comme un répresseur transcriptionnel car il inhibe directement l'expression de plusieurs gènes exprimés dans les cellules endocrines. En effet, il a été montré que *Pax4* pouvait se fixer sur les éléments PISCES présents sur les promoteurs des gènes *Insuline*, *Glucagon* et *Somatostatine* et inhiber ainsi leur expression. Cette forte activité répressive est conférée par l'homéodomaine et la portion carboxyl-terminale de la protéine (Fujitani *et al.*, 1999; Smith *et al.*, 1999). Sachant que le gène *Pax4* est requis pour la formation des cellules β, comment expliquer le fait qu'il puisse inhiber l'expression d'*Insuline*? Il est important de mentionner que ces résultats ont été obtenus après surexpression de *Pax4* dans les lignées cellulaires pancréatiques. Ils ne reflètent donc pas la situation *in vivo* ou le niveau d'expression de *Pax4* augmente graduellement puis décroit une fois le pic d'expression atteint.

Collombat *et al.* ont montré que le gène *Arx*, codant un facteur impliqué dans la différenciation des cellules α, était également une cible de Pax4 et que ces deux facteurs inhibaient mutuellement la transcription de leurs gènes (Collombat *et al.*, 2003; Collombat *et al.*, 2005; Collombat *et al.*, 2009). Plusieurs observations ont conduit à cette conclusion. Premièrement, les souris mutantes *Pax4-/-* sont dépourvues de cellules β et δ avec un accroissement de cellules α alors que la perte d'*Arx* induit plutôt un phénotype inverse à savoir, une perte de cellules α accompagnée d'une augmentation du nombre de cellules β et δ. Deuxièmement, les auteurs ont noté une accumulation des transcrits *Pax4* et *Arx* dans les souris *Arx-/-* et *Pax4-/-* respectivement. Ces résultats montrent clairement le rôle primordial de *Pax4* et *Arx* dans le contrôle du destin des sous-types cellulaires endocrines. *Pax4* contrôle le destin des cellules β et δ au détriment des cellules α alors que *Arx* est requis pour la différenciation des cellules α au détriment des cellules β et δ. Cette régulation serait favorisée par l'antagonisme existant entre les deux gènes qui sont co-exprimés précocement (Collombat *et al.*, 2003; Collombat *et al.*, 2005). Puisque le double knockout de *Pax4* et *Arx* entraine une perte de cellules α et β accompagnée d'une augmentation du nombre de cellules δ (Collombat *et al.*, 2005), *Pax4* ne semble pas être impliqué dans la différenciation des cellules δ mais favorise seulement le destin δ par la répression du gène *Arx*. Le mutant *Pax4-/- ;Arx-/-* démontre le rôle crucial de *Pax4* et *Arx* dans la différenciation des cellules β et α respectivement, et montre aussi que les cellules δ et PP peuvent se différencier indépendamment de ces deux facteurs (voir figure 14).

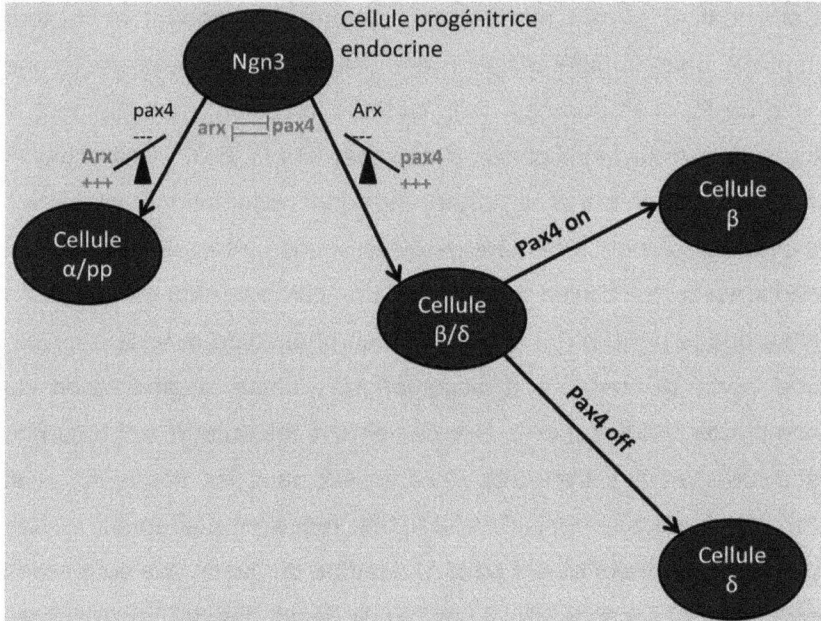

Figure 14 : Rôle de *Pax4* et *Arx* dans la spécification des sous-types cellulaires endocrines. Les études de perte de fonction ont montré qu'il existait un antagonisme entre les gènes *Pax4* et *Arx*. Lorsque *Arx* prédomine, la cellule opte pour un destin α/PP, inversement, si *Pax4* prévaut, les destins β/δ sont favorisés aux dépens du destin α. Une fois que certaines cellules se sont engagées dans le lignage β/δ, les cellules où l'expression de *Pax4* persistent donneront des cellules β alors que la suppression de *Pax4* dirige le destin des cellules vers les cellules δ (adapté de (Collombat *et al.*, 2003; Gittes, 2009)).

1.2.3.6 Les pathologies liées au gène Pax4

A *Pax4* et le cancer

Les protéines PAX sont des facteurs de transcription qui régulent des processus clés tels que la prolifération, la différenciation, l'apoptose et la migration cellulaire (Barr, 1997; Lang *et al.*, 2007). Ces processus sont également impliqués dans le développement des cancers, suggérant qu'une altération de la régulation des gènes *Pax* pourrait entrainer une transformation cellulaire, voir des cancers. Ainsi, un niveau élevé du transcrit *PAX4* a été rapporté dans les insulinomes humains alors qu'il est très faible dans les cellules β normales, suggérant que la dérégulation du gène *PAX4* peut être associée à la tumorigenèse (Miyamoto *et al.*, 2001; Brun *et al.*, 2007). Récemment, Li *et al.* ont montré que des lymphomes primaires et certains cancers du sang exprimaient fortement *PAX4* alors qu'il n'est pas exprimé normalement dans ces cellules. Cette surexpression de *PAX4* serait causée par une déméthylation au niveau de la région promotrice du gène (Li *et al.*, 2006). Le niveau d'expression élevé du transcrit *PAX4* observé dans certaines tumeurs suggère une corrélation entre la réplication cellulaire et les concentrations de PAX4.

B *PAX4* et le diabète

Une étude récente a montré que les îlots issus des patients diabétiques de type 2 présentant un surpoids léger avaient des taux élevés de transcrit *PAX4* par rapport aux témoins non diabétiques (Brun *et al.*, 2008). Des travaux antérieurs avaient également mentionné une légère augmentation de l'expression de *PAX4* dans

72

les îlots pancréatiques des patients diabétiques de type 2 (Gunton et al., 2005).

En général, les mutations et les polymorphismes dans le gène *PAX4* augmentent la susceptibilité de développer le diabète de type 1 ou de type 2 dans certaines populations. Une mutation « missense » du gène *PAX4* (R121W), associée au diabète de type 2, a été identifiée dans une population japonaise. Cette mutation située au niveau de la région C-terminale du domaine paired change sa structure et affecte ainsi sa fonction et indirectement la synthèse d'insuline (Shimajiri et al., 2001). Une forme particulière de diabète de type 2 cétonurique (ketosis-prone diabetes) a été décrite chez les adultes d'origine afro-américaines et de l'Afrique de l'Ouest. Les auteurs ont en effet montré que deux mutations, R37W et R133W du gène *PAX4* prédisposaient cette population au diabète. L'analyse clinique des homozygotes porteurs de la mutation R133W ou R37W démontre une altération sévère de la sécrétion d'insuline lors du test de stimulation au glucose (Mauvais-Jarvis et al., 2004). Biaison-Lauber et al. ont montré que la mutation A1168C sur l'exon 9 du gène *PAX4 (ou P321H)* est associée au développement du diabète de type 1. En effet, le risque relatif de développer le diabète de type 1 est de 73% chez les enfants homozygotes C/C contre 32% chez les individus contrôles (Biason-Lauber et al., 2005). Récemment, Plengvidhya et al. ont également identifié une mutation extrêmement rare dans le gène *PAX4* associée au diabète de type 2 et au MODY. Cette mutation entraîne une substitution R164W, située dans l'homéodomaine, ce qui altère l'activité répressive de PAX4 (Plengvidhya et al., 2007).

Changement		Désignation	Phénotype	Population
Nucléotide	acide aminé			
C363T	Arg > Trp	R121W	Diabète de type 2	Japonaise
C109T	Arg > Trp	R37W	Ketosis-prone diabetes	Afro-américaine
C397T	Arg > Trp	R133W	Ketosis-prone diabetes	Afro-américaine
C492T	Arg > Trp	R164W	Diabète de type 2, MODY	Thaïlandaise
A1168C	Ala > Cys	P321H	Diabète de type 1	Suisse et allemande

Tableau IV: Diabètes associés aux mutations du gène pax4 (Shimajiri et al., 2001; Mauvais-Jarvis et al., 2004; Biason-Lauber et al., 2005; Plengvidhya et al., 2007))

1.3 La famille des gènes Aristaless

1.3.1 Généralités, Structure et classification

Les gènes de la famille *Aristaless* constituent un sous-groupe de gènes codant pour les protéines à homéodomaine. Ce sont des facteurs de transcription régulant des événements essentiels tels que la morphogenèse du squelette et du crâne, le développement du cerveau et des membres, l'asymétrie gauche-droite lors de l'embryogenèse chez les vertébrés (Meijlink *et al.*, 1999; Sherr, 2003). Les protéines de la famille Aristaless sont structurellement définies chez les vertébrés par la présence d'un homéodomaine de type paired, et d'un autre domaine conservé connu sous le nom de domaine aristaless ou domaine OAR ou encore C-peptide (Meijlink *et al.*, 1999; Beverdam and Meijlink, 2001; Ohira *et al.*, 2002). L'homéodomaine, constitué de 60 acides aminés, est responsable de la liaison à l'ADN. Le domaine aristaless est un domaine de 14 acides aminés localisé près de l'extrémité C-terminale. Sa fonction exacte n'est pas bien connue bien qu'un certain nombre d'études ont montré qu'il serait impliqué dans l'activation de la transcription (Simeone *et al.*, 1994; Norris and Kern, 2001; Quille *et al.*, 2011).

En plus de ces deux domaines, ces protéines contiennent aussi très souvent des motifs qui modulent leur interaction à l'ADN et/ou à certains cofacteurs. On retrouve dans cette catégorie l'octapeptide qui est un motif hautement conservé de 8 acides aminés situé dans la région N-terminale de la protéine et les motifs de polyalanine dont le nombre dépend des espèces (quatre chez l'homme, un chez le poisson zèbre et le xénope) (El-Hodiri *et al.*,

75

2003; Quille *et al.*, 2011). Les motifs de polyalanine sont impliqués dans les interactions protéines–protéines et protéines–ADN stabilisant ainsi les interactions entre les régulateurs de la transcription et/ou l'ADN. L'octapeptide agirait comme répresseur de la transcription (McKenzie *et al.*, 2007).

Chez les vertébrés, les gènes de la famille Aristaless sont classés en trois groupes en fonction de leur caractéristiques structurales et biologiques (Meijlink *et al.*, 1999). Le tableau ci-dessous donne un aperçu général de quelques gènes de cette famille chez la souris. Leurs domaines d'expression et fonctions sont également mentionnés.

Groupe	Membres du groupe	Domaines d'expression	Fonctions
Groupe I	Prx1, prx2, prx3	Mésenchyme et mésoderme	Morphogenèse du squelette
	Alx3		
	Cart1		
	Shox1		
Groupe II	Dgr11	Système nerveux central ou périphérique, yeux, pancréas	Développement du système nerveux et du pancréas
	Arx		
	Otp		Régionalisation diencéphalon
	Chx10		Développement des yeux
	Rx		
Groupe III	Pitx1	Mésoderme extra embryonnaire, hypophyse, organes olfactifs...	Développement cranio-facial
	Pitx2	Hypophyse, LPM, mésenchyme crânien	Asymétrie gauche - droite
	Pitx3	Cerveau, yeux	Développement des yeux

Tableau V: Gènes de la famille aristaless chez la souris. (adapté de (Meijlink *et al.*, 1999)).

1.3.2 Le gène *arx*

1.3.2.1 Généralités

Le gène *Arx*, **A**ristaless **R**elated homeobo**X**, appartient au groupe II de la famille des facteurs de transcription à homéodomaine de type paired (Meijlink *et al.*, 1999). Il a été initialement isolé et caractérisé chez le zebrafish et la souris ceci en se basant sur sa similarité avec le gène *aristaless (al)* de la drosophile (85% d'identités au niveau de l'homéodomaine et 88% au niveau de l'extrémité C-terminale) (Miura *et al.*, 1997). Plusieurs études chez l'homme ou la souris ont montré qu'il exerce un rôle crucial dans le développement du système nerveux central, du pancréas et des testicules pendant le développement (Miura *et al.*, 1997; Collombat *et al.*, 2003; Gecz *et al.*, 2006; Fullston *et al.*, 2011). Il est situé sur le chromosome X et comporte cinq exons (Collombat *et al.*, 2003; Ruggieri *et al.*, 2010).

La protéine ARX, que ce soit chez le xénope, la souris, le poisson zèbre ou l'homme, est constituée d'un homéodomaine, d'un octapeptide et d'un domaine aristaless.

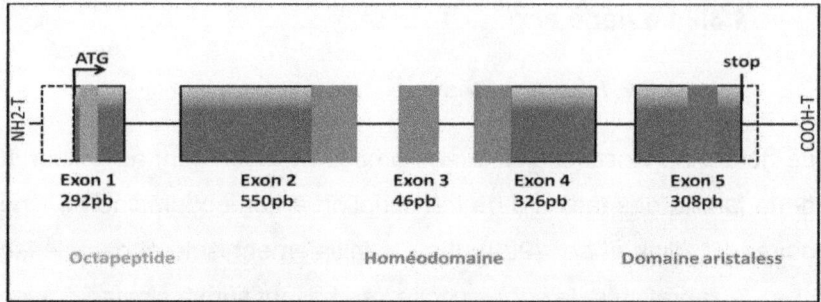

Figure 15 : Organisation des différents domaines conservés sur le gène *arx* de poissons zèbre. L'octapeptide est situé sur le premier exon à l'extrémité amino-terminale. L'homéodomaine, constitué de trois hélices α, se trouve sur les exons 2, 3 et 4. Le domaine aristaless est quant à lui situé du côté carboxyl-terminal et est codé par le dernier exon.

Outre la conservation de ces domaines, on trouve également une grande similarité dans d'autres régions de la protéine chez les différentes espèces testées (voir figure 16). Sa séquence protéique est hautement conservée entre la souris et le poisson zèbre (Miura *et al.*, 1997). Toutefois, on peut noter une divergence au niveau du nombre de régions polyalanines, les protéines Arx de poisson zèbre et de xénope contiennent une seule région polyalanine contrairement à la protéine humaine qui en compte quatre (figure 16) (El-Hodiri *et al.*, 2003).

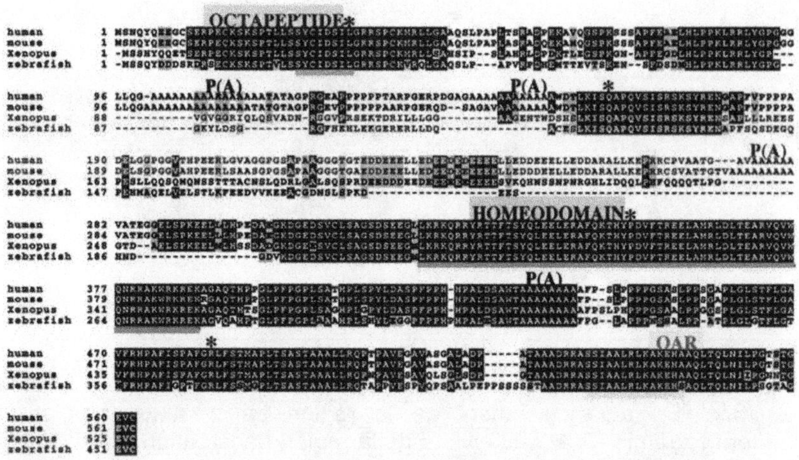

Figure 16: Alignement de la séquence peptidique des protéines ARX de l'homme, de la souris, du xénope et du poisson zèbre. Les zones en noir représentent les zones d'homologie. Les régions conservées (octapeptide, homéodomaine et le domaine OAR) sont soulignées et annotées. P(A) indique une séquence polyalanine, tandis que l'astérisque montre des acides aminés qui sont les plus souvent mutés dans des pathologies humaines (El-Hodiri *et al.*, 2003).

1.3.2.2 Les domaines d'expression du gène Arx

L'expression pancréatique du gène *Arx* a été déterminée par hybridation *in situ* chez la souris. Le transcrit *Arx* est détecté au niveau de primordium pancréatique à partir du jour embryonnaire e9.5, puis dans les précurseurs endocrines en cours de différenciation et finalement dans les cellules α du pancréas endocrine (figure 17) (Collombat *et al.*, 2003; Collombat *et al.*, 2005).

80

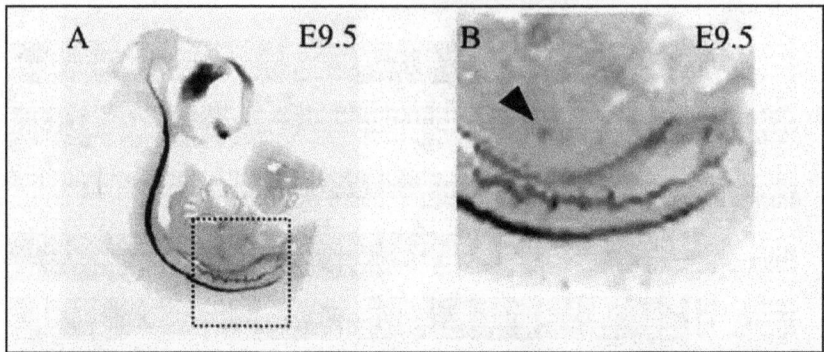

Figure 17: Hybridation *in situ* des embryons de souris à e9.5. A : section sagittale. B : agrandissement de la région pancréatique révélant la présence du mRNA *Arx* au niveau de la région pancréatique (pointe de la flèche) (Collombat *et al.*, 2003).

Arx est aussi exprimé dans le télencéphalon, le diencéphalon et le plancher du tube neural. Une faible expression a également été détectée dans les somites (Miura *et al.*, 1997). Son expression est maintenue dans le cerveau en développement ou adulte, où il est fortement exprimé dans la structure téléncéphalique, particulièrement dans les populations de neurones GABAergiques (Poirier *et al.*, 2004; Friocourt *et al.*, 2006).

Les domaines d'expression du gène *arx* ont été déterminés par hybridation *in situ* à différents stades de développement par Miura *et al.* chez le poisson zèbre. Comme chez la souris, *arx* est exprimé dans le télencéphalon, le diencéphalon, le plancher du tube neural et les somites (Miura *et al.*, 1997).

1.3.2.3 La fonction du gène Arx dans le pancréas murin

L'inactivation du gène *Arx* a été réalisée chez la souris par recombinaison homologue. Les souris dépourvues du gène *Arx* montrent un phénotype pancréatique opposé à celui observé chez les souris *Pax4-/-*. Ce phénotype est caractérisé par une absence de cellules α productrices de glucagon accompagnée d'une augmentation proportionnelle du nombre de cellules β et δ (Collombat *et al.*, 2003). Récemment, Hancock et al. ont obtenu des résultats similaires chez les souris dont le gène *Arx* a été inactivé spécifiquement dans le pancréas (Hancock *et al.*, 2010). En effet, il a été démontré préalablement qu'il existait un antagonisme mutuel et direct entre les gènes *Pax4* et *Arx* qui était responsable de la spécification des sous-types cellulaires endocrines β/δ versus α respectivement. En d'autres termes, l'inactivation du gène A*rx* provoque une surexpression du gène *Pax4* avec pour conséquence directe une conversion des cellules α en cellules β ou δ (Collombat *et al.*, 2005). De plus, l'expression ectopique du gène *Arx* dans le pancréas ou dans les précurseurs endocrines force la cellule à opter pour un destin α/PP au détriment de la lignée β/δ (Collombat *et al.*, 2007). Ces résultats démontrent que le facteur Arx est non seulement indispensable pour la différenciation des cellules α mais qu'il est suffisant pour induire le destin cellulaire α ou PP.

Les souris mutantes *Arx-/-* sont hypoglycémiques et meurent quelques heures après la naissance. Elles ont également un petit cerveau, des testicules altérés ainsi qu'un bulbe olfactif réduit (Collombat *et al.*, 2003). L'hypoglycémie ne serait pas la cause directe du décès. En effet, il a été montré récemment que les souris mutées pour le gène *Arx* spécifiquement au niveau du pancréas était viables malgré la perte complète de cellules α (Hancock *et al.*, 2010).

1.3.2.4 La régulation de l'expression pancréatique du gène Arx

Le promoteur du gène *Arx* n'a pas encore été étudié. Une recherche de motifs d'ADN conservés dans le locus du gène *Arx* de différentes espèces a révélé un haut degré de similarité entre la souris, le rat, l'humain et le poisson zèbre pour les régions codantes, mais a aussi permis de découvrir deux domaines hautement conservés au niveau de la région 3' de la séquence du gène *Arx*. En fusionnant la région de 9,7Kb située en aval du gène *Arx*, comprenant les deux séquences conservées, à un promoteur minimal suivie du gène rapporteur *β-galactosidase*, les auteurs récapitulent l'expression pancréatique du gène *Arx*. Cela montre que cette région est importante pour l'expression pancréatique de ce gène. De plus, un site de liaison pour le facteur PAX4 situé à 14,2Kb en aval du site de terminaison de la traduction a été trouvé dans cette séquence. Ces résultats suggèrent que le facteur PAX4 réprime l'expression du gène *Arx* en se fixant sur un élément *cis*-régulateur situé à environ 14,2Kb en aval du site d'arrêt de la traduction du gène *Arx* (Collombat *et al.*, 2005).

Une autre étude plus récente a mis en évidence la présence de deux autres régions régulatrices (Re) non codantes hautement conservées sur le locus du gène *Arx*. Re1 est située entre +5,6Kb et

+6,1Kb en aval du site d'initiation de la transcription, dans l'intron 3 alors que Re2 se trouve entre +23,6Kb et +24Kb dans le dernier intron du gène adjacent pola1 (figure 18A) (Liu *et al.*, 2011). Les expériences d'immuno-précipitations réalisées sur les lignées cellulaires α, β ont montré que *Isl1* se lie beaucoup plus efficacement sur Re1 et Re2 dans les cellules α que dans les cellules β (figure 18B). *Isl1* semble donc important pour la transcription du gène *Arx*. Par la suite, les auteurs ont démontré qu'*Isl1* active la transcription du gène *Arx* dans les cellules α en se fixant directement sur les régions non codantes Re1 et Re2. De plus, la surexpression du gène *Isl1* dans les cellules de l'îlot endocrine induit une augmentation de l'expression d'*Arx* dans les cellules α. Ces observations montrent que *Isl1* régule la transcription du gène *Arx* au cours du développement des cellules α pancréatiques (Liu *et al.*, 2011).

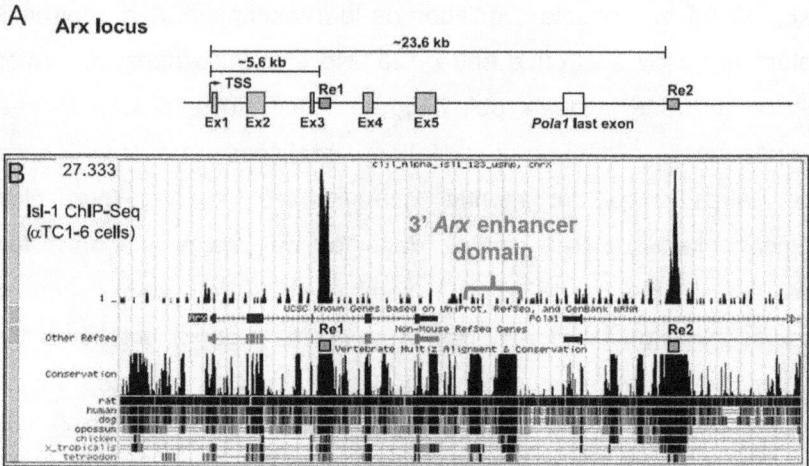

Figure 18: Les sites de liaison du gène *Isl1* sur le locus *Arx*. A : représentation schématique du locus *Arx* mettant en évidence la région Re1 (boite orange) située dans l'exon 3 entre +5,6Kb et +6,1kb et la région Re2 (boite verte) dans le dernier exon du gène pola1 entre +23,6Kb et +24Kb. B : image de CHIP-Seq montrant que Isl1 occupe préférentiellement les Re1 et Re2 du locus *Arx* dans la lignée cellulaire αTC1-6. Les deux régions régulatrices en 3' sont annotées. TSS : site d'initiation de la transcription (adapté de (Collombat *et al.*, 2005; Liu *et al.*, 2011)).

1.3.2.5 Les pathologies humaines liées au gène ARX

De nombreux gènes sont impliqués dans le retard mental, ce trouble se trouvant souvent associé à l'épilepsie. Parmi les quelques 100 gènes situés sur le chromosome X et prédisposant au retard mental, des travaux ont montré que le gène *ARX* était impliqué dans les deux pathologies (Hirose and Mitsudome, 2003).

Le syndrome XLAG (X-linked lissencephaly with abnormal genitalia) est la forme la plus sévère de désordres neurologiques liés à une mutation nulle du gène *ARX*. Il est caractérisé par une lissencéphalie (cerveau lisse) et des malformations génitales (Hirose and Mitsudome, 2003; Billuart *et al.*, 2005; Itoh *et al.*, 2010). Les patients souffrants de XLAG ont un pancréas endocrine réduit et dépourvue de cellules α et PP. le compartiment exocrine est aussi réduit avec perte de cellules productrices d'amylase. Cependant, le taux de glucose sanguin est normal avant le décès qui survient quelques mois après la naissance (Itoh *et al.*, 2010).

Gécz et ses collaborateurs ont étudié le matériel génétique de neuf familles disséminées à travers le monde, affectées par des syndromes de retard mental et par différentes formes d'épilepsie. Ils ont trouvé dans le gène *ARX* de ces familles, des expansions de poly-alanine qui rappellent celles de poly-glutamine qu'on retrouve dans certaines maladies neurodégénératives. Elles entraineraient très probablement la formation d'agrégats protéiques toxiques pour la cellule et responsables de la mort cellulaire (Nasrallah *et al.*, 2004; Billuart *et al.*, 2005; Gecz *et al.*, 2006).

Les expansions de poly-alanines et les mutations ont également été identifiées dans différentes formes de retard mental à savoir le syndrome de West et le syndrome de Partington. Le syndrome de West est caractérisé par un spasme infantile, un électroencéphalogramme chaotique et des contractions des muscles de la nuque, du tronc et des extrémités. On observe des mouvements dystoniques des mains et des formes de retard mental associées à l'épilepsie dans des cas de syndrome de Partington (Stromme *et al.*, 2002; El-Hodiri *et al.*, 2003). Le gène *ARX* semble également contrôler de nombreux autres gènes impliqués dans des pathologies telles que l'épilepsie myoclonique et le retard mental symptomatique ou non spécifique (Poirier *et al.*, 2004; Gecz *et al.*, 2006; Shoubridge *et al.*, 2012).

1.4 Le modèle Danio rerio (poisson zèbre)

1.4.1 Généralités

Le **poisson zèbre (zebrafish)** ou *Danio rerio* est un poisson téléostéen, originaire de l'Inde, couramment utilisé en aquariophilie et en laboratoire. Il mesure à l'âge adulte entre 2 et 5cm, et présente des teintes vives, métalliques et brillantes. Cinq bandes bleues acier longitudinales ornent le corps sur toute sa longueur. Le mâle est élancé alors que la femelle est beaucoup plus arrondie. Les rayures horizontales du mâle tirent sur le rose; alors que celles de la femelle sont plutôt blanchâtres.

Figure 19 : Femelle (a) et mâle (b) de poissons zèbres adultes. Les femelles de poisson zèbre ont un abdomen plus gonflé que les males. Elles se distinguent également avec des rayures horizontales de couleur blanchâtre alors que celle des males tendent plutôt vers le rose

1.4.2 Intérêt du modèle

Les organismes tels que *Drosophila melanogaster* et *Caenorhabditis elegans* ont longtemps contribué à l'avancée de la biologie du développement et ceci à cause de la puissance des approches génétiques. Cependant ces modèles n'étaient pas adéquats pour des études sur le développement de certains organes dont les types cellulaires ou les structures n'existent que chez les vertébrés. Afin de surmonter cette difficulté, le poisson zèbre (*Danio rerio*) s'est avéré un excellent modèle. Plusieurs éléments plaident en sa faveur : pontes nombreuses, fertilisation et développement embryonnaire externe, transparence des embryons, ce qui associé à la grande taille des embryons facilite leur observation et la visualisation des organes au cours du développement. Un autre avantage de ce modèle animal est la possibilité de réaliser de la mutagenèse à grande échelle et ainsi identifier des gènes impliqués dans différents processus (Streisinger *et al.*, 1981; Driever *et al.*, 1996).

1.4.3 Le développement embryonnaire

Le développement embryonnaire du poisson zèbre est très rapide et comporte sept grandes étapes : le zygote, le clivage, la blastula, la gastrula, la segmentation, la pharyngula et la période d'éclosion (Kimmel *et al.*, 1995) (figure 20).

1.4.3.1 La période " Le zygote" (0 – 0,75 hpf)

Cette période commence après la fécondation de l'œuf. Le zygote consiste en une cellule dont le noyau et le cytoplasme sont situés au pôle animal, et le vitellus au pôle végétal. La fécondation active les mouvements cytoplasmiques provoquant la formation du blastodisque (cytoplasme transparent) au pôle animal et la première division cellulaire se produit 45 minutes après la fécondation.

1.4.3.2 La période de clivage (0,75 hpf – 2,2 hpf)

Après la première division cellulaire, le zygote se divise par intervalles de 15 minutes. Ces divisions cellulaires sont méroblastiques (ne concernent que le blastodisque situé au pôle animal, le vitellus au pôle végétal n'étant pas clivé). Cette période comporte six étapes de divisions cellulaires qui se déroulent suivant une orientation régulière, permettant ainsi de distinguer aisément le nombre de blastomères présents à chaque clivage

1.4.3.3 La période de blastula (2,25 hpf – 5,25 hpf)

Elle est marquée par deux processus majeurs. L'embryon entame la transition midblastuléenne qui marque la fin de la synchronie des divisions, l'augmentation de la durée du cycle cellulaire, une plus grande mobilité des cellules et le début de la transcription des gènes. Un autre processus majeur est le début de l'épibolie qui est une expansion active pendant laquelle les blastomères migrent vers le pôle végétal pour recouvrir le sac vitellin.

1.4.3.4 La gastrulation (5,3 hpf – 10 hpf)

Le stade 50% épibolie marque le début de la gastrulation qui est caractérisée par différents mouvements cellulaires morphogénétiques. Les cellules marginales subissent les mouvements d'involution sous l'épiblaste permettant ainsi la formation de l'endoderme et du mésoderme. Ces mouvements entrainent tout d'abord la formation de l'anneau germinatif qui est en fait le résultat d'un épaississement uniforme de la zone marginale. Les mouvements de convergence entraînent par la suite une accumulation de cellules du côté dorsal et ces cellules constitueront le bouclier embryonnaire ou "shield". Celui-ci marque le futur pôle dorsal de l'embryon. Ces mouvements de convergence vers le pôle dorsal sont accompagnés de mouvements d'extension le long de l'axe animal-végétal. En parallèle, les mouvements d'épibolie continuent jusqu'à un recouvrement complet du vitellus par l'embryon. La gastrulation se termine quand l'épibolie est complète, les axes antéropostérieurs et dorso-ventraux définis et le bourgeon de la queue formé.

1.4.3.5 La période de segmentation (10 hpf – 24 hpf)

A ce stade, on observe le développement des somites et l'allongement de l'embryon. Les organes commencent à se former. Les neurones moteurs primaires ainsi que les fibres musculaires se forment également durant cette période et on assiste aux premiers mouvements du corps. Les somites apparaissent séquentiellement dans le tronc et la queue, les somites antérieurs se développent en premiers et les postérieurs par la suite. Les arcs pharyngiens se développent également et le cerveau se subdivise en plusieurs parties.

1.4.3.6 La période pharyngula (24 hpf – 48 hpf)

Cette période correspond au stade phylogénétique où tous les embryons de vertébrés présentent une morphologie très similaire. Chez le poisson zèbre, il y a formation des arcs branchiaux, le cerveau est bien structuré, les organes sensoriels se développent. On assiste également au développement des nageoires, du

91

système circulatoire, du cœur et des autres organes. Cette période est aussi marquée par la différenciation des cellules pigmentaires et une sensibilité tactile.

1.4.3.7 L'éclosion (48 hpf – 72 hpf)

Durant cette période, la larve se libère de son chorion, continue de grandir et la morphogenèse des organes primaires se termine. Les cartilages crâniofaciaux se développent ainsi que la ceinture pectorale. La vessie natatoire se forme également. La larve est maintenant apte à se déplacer et à se nourrir

(http://www.neuro.uoregon.edu/k12/Development%20Stages.html).

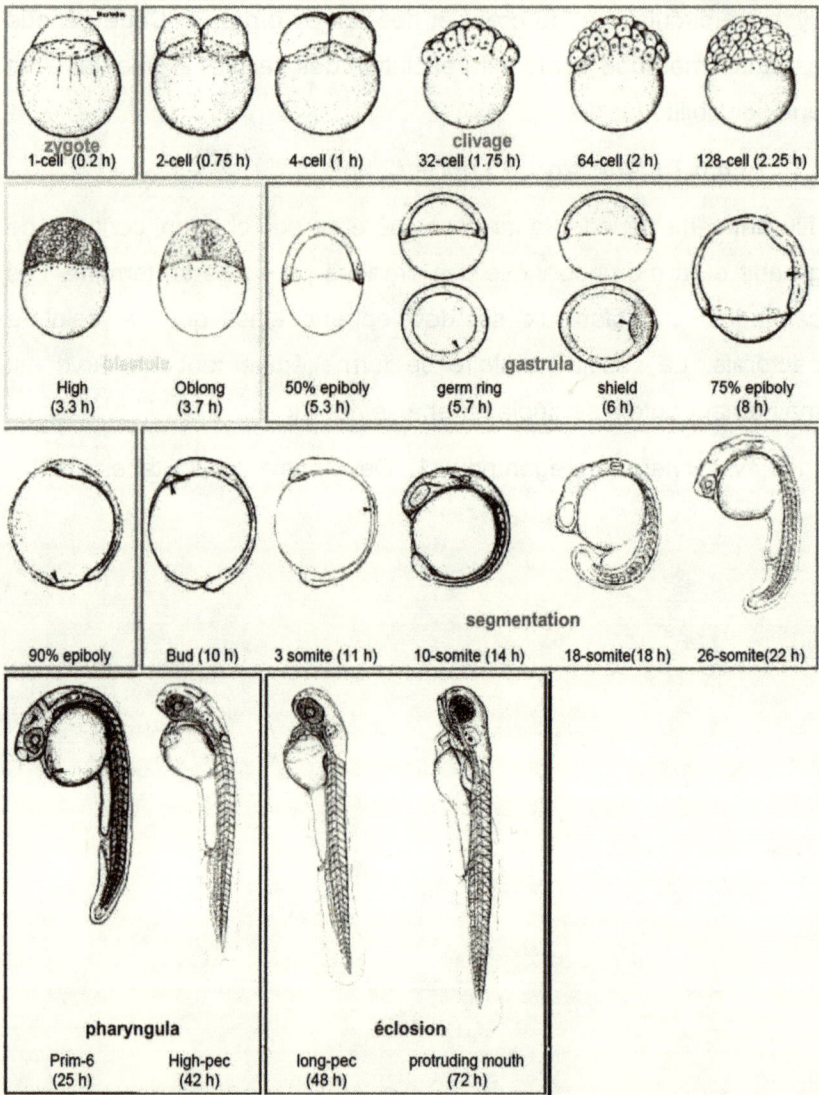

Figure 20: les étapes de développement du poisson zèbre. Voir texte pour détails
(http://www.neuro.uoregon.edu/k12/Development%20Stages.html).

93

1.5 But du travail

Mon travail de doctorat a porté sur **les gènes *pax4*** et ***arx*** du poisson zèbre. Comme présentés dans l'introduction, ces deux gènes sont respectivement requis chez la souris pour la différenciation des cellules β et des cellules δ du pancréas d'une part, et des cellules α d'autre part. Au début de notre étude, aucune donnée n'était disponible sur la présence, l'expression et la fonction de ces deux gènes chez le poisson zèbre. De plus, les oiseaux, bien qu'ayant les cellules β et δ n'ont pas de gène *pax4* dans leur génome (Manousaki *et al.*, 2011). L'absence de ce gène chez ces organismes est assez déroutante et soulève la question de la fonction pancréatique initiale du gène *pax4* pendant l'évolution des vertébrés. Deux hypothèses peuvent être émises

pax4 était important pour la différenciation des cellules β et/ou δ chez les premiers vertébrés mais la perte de *pax4* a été compensée par un autre facteur ou un autre mécanisme,

Le rôle pancréatique de *pax4* dans la différenciation β/δ est apparu tardivement au cours de l'évolution des vertébrés chez les mammifères.

Pour répondre à cette question, nous avons examiné dans cette thèse l'expression, la fonction et les mécanismes de régulation des gènes *pax4* et *arx* chez le poisson zèbre. L'étude de ces gènes chez des organismes aussi éloignés d'un point de vue évolutif que la souris et le poisson zèbre, permet de mettre aussi en évidence des mécanismes conservés et donc probablement très importants afin d'envisager leur extrapolation à l'homme.

2 MATÉRIEL ET MÉTHODES

2.1 Clonage et séquençage du gène pax4 de poisson zèbre

Afin de déterminer la séquence du gène *pax4* chez le poisson zèbre, un TBLAST a été réalisé avec la séquence *Pax4* de souris sur le génome entier de poisson zèbre présent sur le site www.ensembl.org. Le cDNA de *pax4* a été cloné par RT-PCR avec une paire d'amorces externes (BP497 (amont) et BP506 (aval)) et par la suite avec une paire d'amorces internes (BP508 (amont) et BP507 (aval)) à partir des ARN d'embryons de poissons zèbres âgés de 12 hpf à 31 hpf. La séquence obtenue a été clonée dans le vecteur pGEM-T Easy (Promega) et séquencée. La région 3' du gène a été complétée par 3' RLM-RACE (FirstChoice RLM-RACE kit, Ambion) avec les amorces BP483 et BP514. Le produit a été cloné dans le vecteur PCR II – TOPO (Invitrogen) et séquencé.

2.2 Le poisson zèbre : élevage, obtention d'embryons et de larves

Les sauvages AB ainsi que les différentes souches transgéniques sont élevés dans l'animalerie de la plateforme GIGA-Transgénique Zebrafish dans des aquariums sous flux continu. Le cycle d'éclairage est de 14 heures de luminosité et 10 heures d'obscurité. Les croisements sont effectués en fin d'après-midi, la veille de l'injection. Ils sont croisés dans des aquariums munis de grillage pour faciliter la collecte des œufs, mais surtout pour empêcher les adultes de manger ces derniers. Les poissons passent la nuit dans l'obscurité et le matin, la lumière stimule les femelles à pondre. Les œufs fécondés par des mâles, sont ensuite récoltés et placés dans du milieu d'élevage E3, dans un incubateur à 28°C. Afin d'obtenir les embryons totalement non pigmentés, du phényl-1-thio-2-urée (PTU) 0,2 mM est ajouté au milieu d'élevage E3.

2.3 Les morpholinos oligonucléotides utilisés

Tous les morpholinos ont été synthétisés et fournis par la firme *Gene Tools* (Oregon). Les morpholinos ont été resuspendus dans 150 µl Danieau 1x (NaCl 58 mM, KCl 700 mM, MgSO$_4$ 0,4 mM, Ca(NO$_3$)$_2$ 0,6 mM, Hepes 5 mM, ajusté à pH 7,6) dosés au nanodrop, puis conservés à – 70°C.

Désignation	Nature	Séquence
MO1pax4 (6 ng)	Épissage (exon 2 – intron 2)	TAGCCTACACTTGGCACTTGATCTC
Mo2pax4 (6 ng)	Épissage (exon 1 - intron 1)	AGGTGAGAAGTTTACCTTCAGTATT
Moarx (2 ng)	Épissage (exon 2 – intron 2)	GCGTCATATTTACCTGGTGAACACA
MoTarx (1 ng)	Traduction	TCGTCGTCGTACTGACTGCTCATGT

Tableau VI : Liste des morpholinos utilisés

2.4 La micro-injection des embryons

Les morpholinos à injecter sont dilués à la concentration souhaitée à partir du stock dans un mélange de Danieau 1x et de rhodamine dextran à 0,5%. Cette solution permet de visualiser le produit injecté et de trier les embryons qui ont effectivement reçu la molécule.

Dès récolte des œufs, les morpholinos oligonucléotides sont injectés le plus rapidement possible dans le vitellus. Les œufs à injecter sont alignés contre une lame porte-objet placée dans un couvercle de boîte de Pétri. Après injection, les embryons sont conservés dans des boîtes de Pétri contenant du milieu E3 dans un incubateur à 28°C.

Les aiguilles d'injection sont fabriquées à partir d'un fin capillaire en verre par échauffement et étirement grâce au "PC10" (Narishige, Japon).

La micro-injection s'effectue manuellement sous binoculaire. Le régulateur d'injection IM 300 Microinjector (Narishige, Japon) nous permet de contrôler le temps et la pression d'injection.

2.5 Les hybridations in situ simples visibles et doubles fluorescentes

2.5.1 Synthèse de sonde antisens

Elles sont synthétisées à partir de l'ADN linéarisé et purifié, et marquées à la digoxigénine (Dig) ou au dinitrophénol (DNP). 1 à 2 µg d'ADN linéarisé sont mélangés sur glace à 2 µl de 10X Dig-RNA labeling mix (Roche), 2 µl de tampon de transcription 10x (Roche),

1 µl d'inhibiteur de RNAse (rRNAsin) (Promega), 2 µl d'ARN polymérase SP6, T3 ou T7 (Roche) et x µl d'eau DEPC pour obtenir un volume final de 20 µl. Par la suite les étapes ci-dessous sont suivies :

Incubation du mélange pendant deux heures à 37°.

Ajout d'1 µl de DNase (RNase-free).

Incubation 15 minutes à 37°C.

Arrêt de la réaction avec 1 µl d'EDTA 0,5 M pH 8.

Précipitation de l'ARN avec 7,5 µl de NH4Ac 5M et 185 µl d'éthanol 100% pendant une heure à -70°C.

Lavage du culot à l'éthanol 70%.

Dissolution du culot dans 20 µl d'eau DEPC.

Aux termes de cette préparation, 2 µl sont prélevés et déposés sur un gel ARN afin d'estimer la concentration de la sonde obtenue.

2.5.2 Préparation des embryons

Les embryons et les larves sont préalablement fixés aux stades de développement souhaités selon la table de développement définie par Kimmel et *al*. (Kimmel *et al.*, 1995). Ces embryons sont fixés à l'aide du paraformaldéhyde à 4% pendant deux heures à température ambiante ou toute une nuit à 4°C. Ils sont par la suite déshydratés progressivement en méthanol puis conservés à -20°C dans du méthanol 100%.

2.5.3 Hybridation *in situ*

L'hybridation *in situ* est une technique qui utilise des sondes d'ARN antisens pour mettre en évidence et localiser dans une cellule ou un tissu l'ARN messager d'un gène endogène, ce qui permet d'en étudier son profil d'expression. Cette sonde est couplée à une molécule chimique, la digoxigénine (DIG - Roche - un stérol végétal absent du règne animal) ou le dinitrophénol (DNP - Vector Lab). DIG et DNP peuvent être reconnus spécifiquement par un anticorps.

Les embryons conservés à -20°C sont réhydratés progressivement puis perméabilisés à la protéinase K. L'étape d'hybridation de la sonde à 65°C, est précédée d'une préhybridation pendant plusieurs heures à la même température dans la solution d'hybridation sans sonde (cette étape a pour but d'éviter les liaisons non spécifiques de la sonde). Le lendemain, Les embryons subissent des lavages successifs pour éliminer la sonde qui ne s'est pas hybridée. Au terme de ces lavages, les embryons sont incubés pendant plusieurs heures à température ambiante dans un tampon de blocage pour immunodétection. Puis ce milieu est remplacé par un tampon de blocage frais contenant les anticorps anti-DIG ou anti-DNP couplés à la phosphatase alcaline (Invitrogen) et incubés à 4°C pendant toute la nuit. L'étape de révélation est précédée de plusieurs lavages au PBST. Les embryons sont par la suite transférés dans du tampon de coloration contenant les substrats de la phosphatase alcaline NBT et BCIP. La révélation se fait à température ambiante et à l'abri de la lumière. La réaction entre l'enzyme et son substrat donne naissance à un précipité bleu insoluble dans les cellules où le gène d'intérêt est exprimé et où la sonde s'est hybridée.

La double hybridation *in situ* en fluorescence est utilisée lorsque l'on désire mettre en évidence la présence de deux transcrits dans une même cellule. Les étapes de perméabilisation, préhybridation, hybridation et lavage des sondes liées non spécifiquement, sont les mêmes que dans l'hybridation visible à la différence que les deux sondes sont mises en même temps lors de l'étape d'hybridation (jour 1) en veillant à ce qu'elles ne soient pas couplées à la même molécule (DIG ou DNP).

L'anticorps utilisé en hybridation *in situ* fluorescente est couplé à une péroxidase et le substrat est la tyramide-FITC ou tyramide-Cy3.

2.5.4 Montage et observation des embryons

Au terme des hybridations, les embryons sont post-fixés pendant 24 heures dans de la PFA à 4%. Afin de mettre en évidence la région pancréatique, les embryons sont débarrassés du jaune, montés entre lame et lamelle puis observés soit au microscope normal pour les *in situ* visibles ou au microscope confocal pour les doubles hybridations fluorescentes.

2.6 L'immunohistochimie

Cette technique, permet, en se basant sur la spécificité d'un anticorps pour un antigène, de révéler une protéine dans un organisme. Les embryons fraîchement récoltés et fixés avec de la PFA 2% sont tout d'abord incubés dans une solution d'anticorps primaire qui se lie à la protéine cible. Par la suite, un anticorps secondaire reconnaissant l'anticorps primaire et couplé à un fluorophore est utilisé pour mettre en évidence la protéine. Les expériences de multiples marquages nécessitent l'utilisation d'anticorps primaires produits chez des espèces différentes.

2.7 PCR

La réaction de polymérisation en chaîne ou PCR est une technique permettant l'amplification *in vitro* d'une région spécifique de l'ADN. On obtient ainsi un grand nombre de copies d'une séquence d'ADN à partir de peu de matériel génétique. Le principe est basé sur les propriétés d'hybridation/déshybridation des brins complémentaires d'ADN en fonction de la température et sur la capacité des polymérases à synthétiser un brin complémentaire en présence d'une extrémité 3' et de dNTPs. Afin d'amplifier une région spécifique, des amorces d'une vingtaine de nucléotides sont choisies de part et d'autre de la séquence à amplifier.

2.8 Isolation de L'ARN et RT-PCR

Les embryons et larves de poissons zèbres ont été lysés dans du Qiazol (Qiagen) afin d'extraire les ARN totaux. Le kit d'extraction NucleoSpinR RNA II (Macherey-Nagel) a été utilisé en suivant les instructions recommandées par le fournisseur. Les ARN totaux sont réhydratés dans 50 µl d'eau dépourvue de nucléase. Un dépôt sur gel ARN est effectué afin d'apprécier la qualité et d'estimer la quantité des ARN totaux extraits par comparaison avec l'intensité du marqueur de poids moléculaire ARN (Promega). Les ARN totaux extraits sont retro-transcrits en ADN complémentaires (ADNc) à l'aide du kit iscript [TM] cDNA synthesis (Biorad).

Amorces	Séquence	Commentaires
BP483	GGCGACTGAGGGAATGAGACC	amorce externe 3'RLM-RACE Pax4
BP484	GTGATAGTGTTTTTCGTTTGGATA	amorce interne antisens Pax4
BP497	GGAGTGTAAATCAGCTGGGTGGT GTG	amorce 5' sens externe Pax4
BP498	AATTGCCTTGATAGTGTCCTGTGA AA	amorce 3' Pax4
BP506	GCTCCCTCCTCATCCTCGCTCTAC G	amorce antisens externe pax4
BP507	GGTCAGCAGATCTGGATAAAGCC CAC	amorce antisens interne pax4
BP508	CGGACGTCCTCTGCCTGTCTACAA GC	amorce sens interne pax4
BP514	CCTGTGGGCTTTATCCAGATCT	amorce interne 3'RLM-RACE Pax4
BP528	CGCCCACCGTGCTTTCTTCCTACT GC	amorce sens arx (test Moarx dans exon 1)
BP529	TCAGATCCAGCCTCATCGCGAGCT CC	amorce antisens arx (test Moarx dans exon 3)

Tableau VII : Liste des amorces utilisées pour les PCR et les RT-PCR

2.9 Imagerie et microscopie confocale

Toutes les images des hybridations *in situ* visibles ont été prises à l'aide d'une caméra digitale reliée au microscope Olympus (Olympus Bx60). Le programme AnalySIS® (Soft Imaging System Gmbh, Belgique) est alors utilisé pour le traitement des images. Le microscope confocal à balayage laser Leica TCS SP2 (Leica

Microsystems) a permis l'acquisition de toutes les images des hybridations in situ fluorescentes et des immunodétections. Les logiciels Adobe Photoshop CS5 et Adobe Illustrator CS5 ont servi respectivement au traitement et au montage des images.

2.10 Inhibition de la voie de signalisation Delta-Notch

Le DAPT N-[N-(3,5-Difluorophenacetyl)-L-alanyl]-S-phenylglycine t-butyl ester) (Calbiochem), un inhibiteur de la γ-sécrétase, a été utilisé pour bloquer la voie de signalisation Notch. Une solution stock de 10 mM DAPT a été préparée dans du DMSO, aliquotée et conservée à -20°C. Les larves déchorionées de 3 dpf ont été traitées pendant 48 heures avec du DAPT 100 µM. Les larves contrôles ont été traitées avec 1% de DMSO. Toutes les larves ont été incubées dans un incubateur à 28°C et à l'abri de la lumière.

2.11 Analyse statistique

Le test "t" de student a été utilisé pour toutes les analyses statistiques.

3 RÉSULTATS

3.1 Identification de la séquence des gènes pax4 et arx

3.1.1 La séquence du gène *pax4* du poisson zèbre est l'homologue de *PAX4* humain

Au début de cette étude, la séquence du gène *pax4* n'avait pas encore été décrite chez le poisson zèbre. Afin d'identifier cette séquence, nous avons recherché dans le génome du poisson zèbre les séquences pouvant coder pour une protéine similaire à celle de PAX4 de la souris en utilisant la fonction TBLAST du site www.ensembl.org. Un locus a ainsi été identifié sur le chromosome 4 chez le poisson zèbre. Nous avons aligné ce gène avec le transcrit *Pax4* de souris afin de délimiter les exons. Nous avons alors amplifié la région centrale de la région codante par RT-PCR à partir des ARN d'embryons de poissons zèbre âgés de 12 hpf à 31 hpf. La séquence n'étant pas complètement amplifiée, une 3'-RLM-RACE nous a permis de compléter la séquence de la région 3'. Les deux séquences ont alors été combinées et nous avons obtenu un cDNA codant pour une protéine de 344 acides aminés. Nous avons comparé avec les séquences peptidiques des facteurs Pax4 et Pax6 de différentes espèces étant donné que ces deux protéines Pax sont très proches (figure 21). Cette comparaison montre que la séquence Pax4 de poisson zèbre est plus proche des séquences PAX4 de souris et de l'humain que de PAX6. Par ailleurs, 13 acides aminés conservés dans toutes les séquences Pax4 et non dans les séquences Pax6 ont également été identifiés. Une comparaison des loci contenant le gène *Pax4* chez l'humain, la souris et le poisson zèbre a révélé également une synténie du côté 5'. En effet, le gène *Snd1* (*staphylococcal nuclease domain containing 1*) est situé en amont du gène *Pax4* chez ces trois espèces. Finalement, les limites des jonctions introns-exons sont localisées aux mêmes endroits dans les régions codantes conservées (paired et homéodomaine) chez toutes les espèces testées. Toutes ces évidences montrent que le gène *pax4* de poisson zèbre est bien l'orthologue du gène *Pax4* des mammifères.

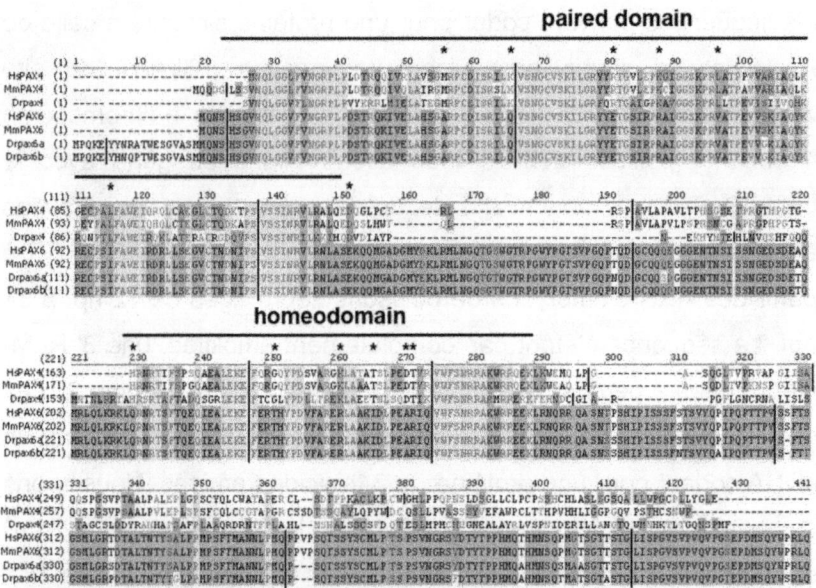

Figure 21 : Alignement des séquences peptidiques de Pax4 et *Pax6* chez l'humain, la souris et le poisson zèbre. Les zones en jaune représentent les zones d'homologie entre les deux gènes *Pax* chez toutes les espèces testées. Les résidus conservés dans la majorité des séquences sont en bleu. L'homéodomaine et le domaine paired sont soulignés et annotés. Les astérisques indiquent la position des acides aminés conservés dans

toutes les séquences Pax4 et non dans les séquences Pax6 et les tirets indiquent les « gaps » dans la séquence peptidique. Hs : Hommo sapiens, Mm : mus musculus, Dr : Danio rerio.

3.1.2 La séquence du gène arx est hautement conservée entre le poisson zèbre et la souris

La séquence du gène *arx* avait déjà été décrite chez le poisson zèbre au début de notre étude. Ce gène est constitué de cinq exons. La séquence protéique est hautement conservée entre la souris et le poisson zèbre (100% d'homologie au niveau de l'homéodomaine). Le transcrit fait 2,8kb chez le poisson zèbre (Miura *et al.*, 1997).

3.2 Les domaines d'expression des gènes pax4 et arx

3.2.1 *pax4* est exprimé dans la région pancréatique...

Après avoir obtenu la séquence du gène *pax4*, l'étape suivante de notre travail a été d'en déterminer le profil d'expression. Pour cela, nous avons synthétisé une sonde antisens à partir d'un plasmide contenant le fragment de la 3'-RLM-RACE. Le profil d'expression a été déterminé par hybridation *in situ* sur les embryons entiers de poisson zèbre à différents stades de développement (figure 22).

106

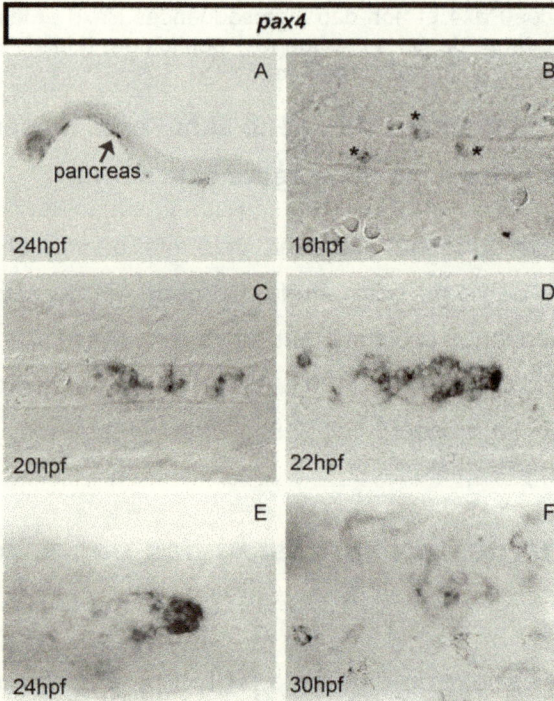

Figure 22: Profil d'expression du gène *pax4*. Hybridation *in situ* montrant l'expression de *pax4* à différents stades de développement. La photo A montre une vue latérale d'un embryon entier de poisson zèbre à 24hpf exprimant *pax4* dans la région pancréatique. *pax4* est exprimé à partir de 16hpf (B), son expression croît pour atteindre un pic entre 22hpf et 24hpf (D et E), puis décroît ensuite (E). Les images (B-F) ont été prises avec un objectif 40x, en vue ventrale, antérieur à gauche

Le transcrit *pax4* est détectable dans quelques cellules de la région pancréatique à partir de 16 hpf (figure 22B, astérisques). Son expression s'intensifie à 20 hpf (figure 22C) et atteint un pic entre 22 hpf et 24 hpf (figure 22D-E). Après ce stade, son expression décroît fortement et seules quelques cellules exprimant ce facteur sont encore détectables à 30 hpf (figure 22F). Le gène *pax4* est donc exprimé transitoirement dans le bourgeon pancréatique dorsal chez le poisson zèbre. À partir de 34 hpf, le transcrit *pax4* est difficilement détectable dans la région pancréatique bien que quelques cellules exprimant *pax4* peuvent toujours être détectées chez les larves au niveau des canaux pancréatiques (voir plus loin, paragraphe 3.8). A aucun stade le transcrit n'est détecté ailleurs dans l'embryon, nous pouvons donc conclure que *pax4* est exprimé exclusivement dans la région pancréatique.

... dans les cellules somatostatines, quelques cellules ghrélines et les précurseurs endocrines

Afin d'identifier les sous-types cellulaires endocrines exprimant *pax4*, nous avons réalisé des doubles hybridations *in situ* fluorescentes avec différents marqueurs pancréatiques entre 16 hpf et 30 hpf (figure 23). Les résultats montrent que l'expression de *pax4* diffère chez le poisson zèbre et la souris : alors qu'il est principalement exprimé dans les cellules β chez la souris, nous n'avons pas observé de co-localisation entre *pax4* et insuline à tous les stades examinés (figure 23A-C). De même, la plupart des cellules α n'expriment pas *pax4* bien que quelques cellules co-exprimant les deux facteurs peuvent être occasionnellement identifiées (figure 23D). En revanche, *pax4* est détecté dans de nombreuses cellules exprimant la somatostatine (environ 40% des cellules δ) (figure 23E) et dans des cellules ε exprimant la ghréline (environ 15%) (figure 23F). *Pax4* étant exprimé au niveau du bourgeon dorsal générant les premières cellules endocrines pancréatiques, nous avons voulu savoir s'il était restreint uniquement aux cellules matures exprimant les hormones. Pour cela, nous avons réalisé une double hybridation avec un cocktail de quatre sondes correspondant aux principales hormones pancréatiques (*insuline*, *glucagon*, *ghréline* et *somatostatine*) et avec *isl1*, un marqueur des cellules endocrines différenciées. Nos résultats montrent que le domaine d'expression de *pax4* englobe une partie du domaine d'expression des hormones (figure 23G) et de *isl1* (figure 23H), mais certaines cellules *pax4+* n'expriment pas d'hormone, ni le gène *isl1*. Ce résultat suggère que *pax4* est exprimé dans certaines cellules endocrines matures mais également dans des cellules pancréatiques moins différenciées. Afin de déterminer l'identité des cellules *pax4+/hormones-*, nous avons testé *nkx6.1*, un marqueur des progéniteurs pancréatiques, et *sox4b*, un marqueur des précurseurs endocrines. Beaucoup de cellules *pax4* positives co-expriment aussi *sox4b* (figure 23I), indiquant que *pax4* est aussi exprimé dans les précurseurs endocrines. Par contre, *pax4* n'est pas détecté dans les progéniteurs pancréatiques exprimant le facteur de transcription Nkx6.1 (figure 23J). Tous ces résultats montrent que *pax4* est exprimé transitoirement dans les cellules δ exprimant la somatostatine, quelques cellules ε et α produisant respectivement la ghréline et le glucagon, et dans les précurseurs endocrines (figure 23K).

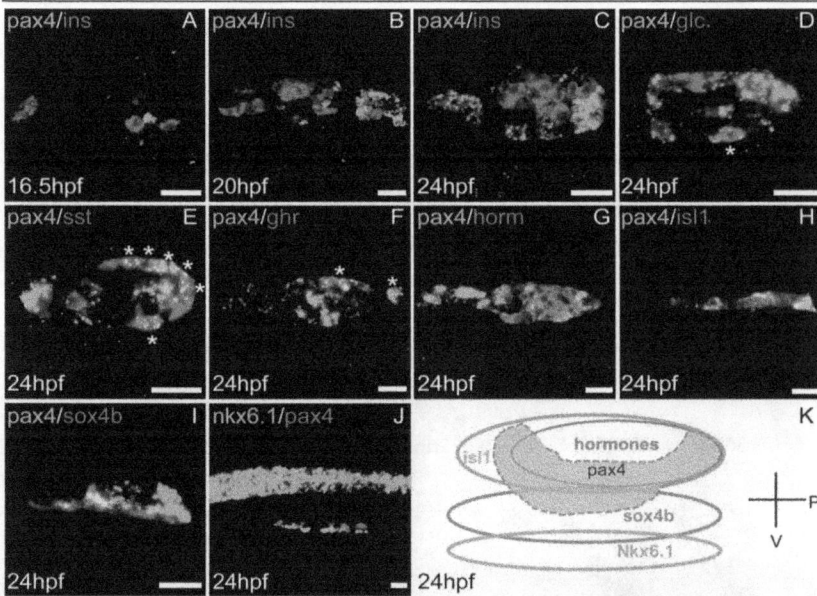

Figure 23: *pax4* est exprimé dans les cellules δ, quelques cellules ε, α, et les précurseurs endocrines. Double hybridation *in situ* fluorescente montrant l'expression de *pax4* avec *insuline* (A-C), *glucagon* (D), *somatostatine* (E), *ghréline* (F), un cocktail d'hormones pancréatiques (G), *isl1* (H), *sox4b* (I) et *nkx6.1* (J). Images confocales en vue ventrale (A-G) et latérale (H-J) de la région pancréatique, antérieur à gauche. Échelle : 20µm. K: organisation schématique multicouche de la région pancréatique à 24hpf montrant la localisation du transcrit *pax4*.

3.2.2 arx est exprimé dans la région pancréatique...

Les domaines d'expression du gène *arx* ont également été déterminés par hybridation *in situ* à différents stades de développement. Ce facteur était connu pour être exprimé dans le télencéphale, le diencéphale, le plancher du tube neural et les somites (Miura *et al.*, 1997). Son expression dans le pancréas du poisson zèbre n'avait pas encore été décrite. Nous avons détecté le transcrit *arx* au niveau du bourgeon pancréatique dorsal à partir de 22 hpf (figure 24A-B). À 30 hpf, *arx* est détecté dans des cellules situées à la périphérie de l'îlot endocrine selon un profil semblable à la répartition des cellules α productrices de glucagon dans l'îlot endocrine (figure 23F). Contrairement à *pax4*, l'expression pancréatique d'*arx* semble maintenue au-delà de 30 hpf.

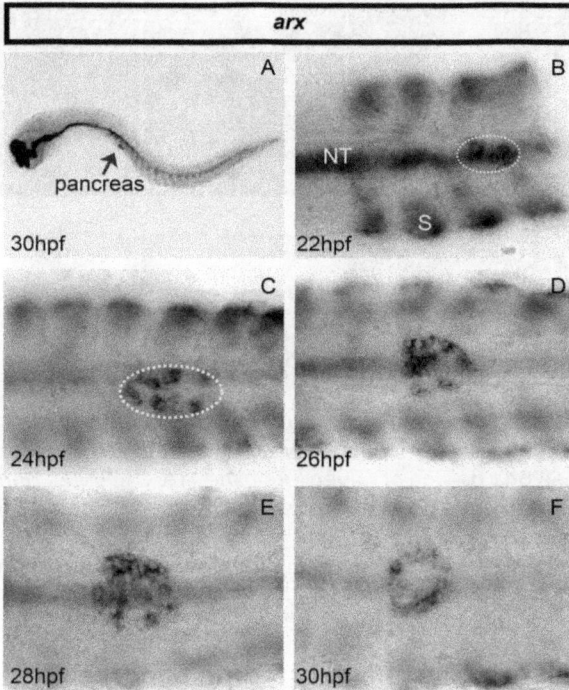

Figure 24: Profil d'expression du gène *arx* déterminé par Hybridation *in situ* avec une sonde antisens à différents stades de développement. La photo A montre une vue latérale d'un embryon entier de poisson zèbre à 30hpf exprimant *arx* dans la région pancréatique (flèche). *arx* est exprimé à partir de 22hpf (B). Les images (B-F) ont été prises à l'objectif 40x, en Vue ventrale, antérieur à gauche. NT : tube neural, S : somites

...principalement dans les cellules α et quelques cellules ε

Afin de préciser les types cellulaires pancréatiques exprimant *arx,* des expériences de doubles hybridations *in situ* fluorescentes ont été réalisées avec différents marqueurs pancréatiques. Nos résultats montrent que le transcrit *arx* est présent dans toutes les cellules à glucagon (figure 25A-B) et quelques cellules à ghréline (figure 25C-D). Par contre, il n'est jamais détecté dans les cellules β (figure 25E-F) et δ (figure 25G). La figure 25H montre que l'expression d'*arx* est incluse dans le domaine *isl1* à 30 hpf. Ces données indiquent que *arx* est exprimé uniquement dans les cellules α et quelques cellules ε. Nos résultats montrent que l'expression pancréatique d'arx est conservée entre la souris et le poisson zèbre.

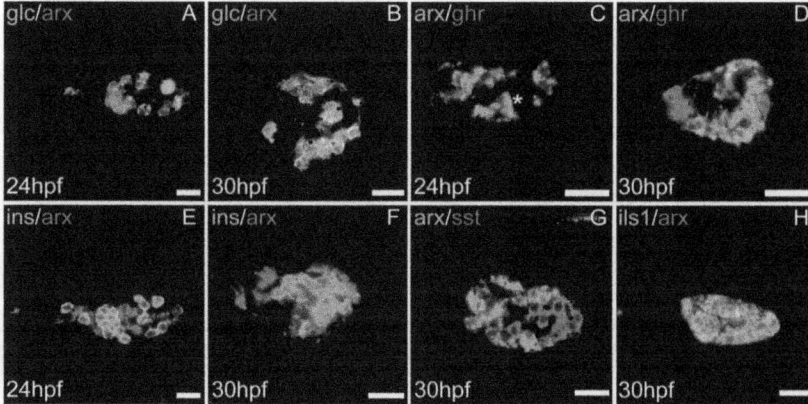

Figure 25: *arx* est exprimé dans les cellules α et quelques cellules ε. Double hybridation *in situ* fluorescente montrant l'expression de *arx* avec *glucagon* (A, B), *ghréline* (C, D), *insuline* (E, F), *somatostatine* (G) et *isl1* (H). Images confocales en vue ventrale de la région pancréatique, antérieur à gauche. Échelle : 20µm.

112

3.3 Etude de la fonction des gènes pax4 et arx

La fonction des gènes *pax4* et *arx* au cours du développement du pancréas endocrine a été étudiée par « knockdown ». Pour cela, nous avons utilisé des oligonucléotides antisens d'environ 25pb appelés morpholinos pour bloquer l'expression de ces gènes. Les morpholinos sont des oligonucléotides chimiquement modifiés dont la partie (désoxy)ribose est remplacée par un groupement « morpholine ». Ils peuvent avoir une séquence complémentaire de la région 5'UTR ou de la région recouvrant le site d'initiation de la traduction de façon à bloquer la traduction de l'ARNm cible par encombrement stérique. Les morpholinos peuvent également bloquer l'épissage si leur séquence est complémentaire et recouvre la jonction exon-intron dans un ARN pré-messager (Nasevicius and Ekker, 2000). Pour le gène *pax4*, nous avons utilisé deux morpholinos d'épissage que nous avons nommé Mo1pax4 et Mo2pax4. Leur disposition sur le gène *pax4* est représentée sur la figure 26A. Un morpholino de traduction ciblant l'ATG et une partie de la région 5'UTR (MoTarx) et un morpholino d'épissage (Moarx) ont été utilisé pour le gène *arx* (voir figure 26B).

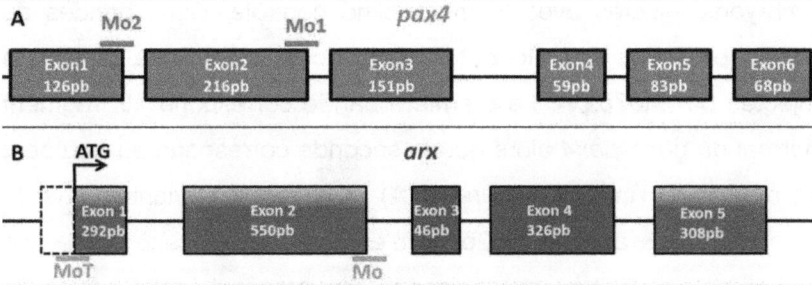

Figure 26 : Disposition des différents morpholinos sur les gènes *pax4* (A) et *arx* (B). A : Mo1pax4 cible la jonction exon2-intron2 du gène *pax4* alors que Mo2pax4 se lie à la jonction exon1-intron1. B : la séquence de MoTarx chevauche avec l'ATG et une partie de la région 5'UTR du gène *arx*. Moarx cible la jonction Exon2-intron2.

3.3.1 Test d'efficacité des morpholinos oligonucléotides

Les embryons de poisson zèbre ont été injectés au stade une cellule avec 6ng de chaque morpholino *pax4* individuellement. De même, l'efficacité des morpholinos *arx* a été testée en injectant les embryons avec 2 ng de Moarx ou 1 ng de MoTarx. Comme contrôle, nous avons utilisé un morpholino qui ne cible aucun gène (Mocont). Par la suite, nous avons extrait à 30 hpf les ARN totaux de ces embryons injectés. Nous avons ensuite transcrits ces ARN en cDNA. Pour le gène *pax4*, un premier round de PCR a été fait avec les amorces BP497 et BP498 suivi d'une nested PCR avec des amorces BP483 et BP484 pour amplifier la partie du cDNA correspondant aux exons 1 à 3. La figure 27 montre les différentes bandes obtenues en fonction du moprholino utilisé après amplification. Une séquence de 339pb, correspondant au fragment du transcrit correctement épissé de *pax4* a été obtenue avec les embryons injectés avec le morpholino contrôle. Deux bandes de 339pb et 409pb ont été obtenues avec le cDNA des embryons injectés par Mo2pax4. La première bande correspond au fragment normal du gène *pax4* alors que la seconde correspond au fragment normal plus l'intron1 (figure 27A). Ce résultat montre que le « knockdown » avec le Mo2pax4 n'est pas très efficace et inactive seulement partiellement l'épissage du transcrit *pax4*. Avec le Mo1pax4, une bande unique de 1079pb correspondant au transcrit contenant toujours l'intron2 a été amplifiée (figure 27A). Cela indique que le knockdown est très efficace avec le Mo1pax4 et ce morpholino a été utilisé à la dose de 6 ng pour la suite de l'étude.

De façon similaire, 2ng de morpholino d'épissage Moarx était suffisant pour inactiver le gène *arx*. En effet, aucune bande n'a été amplifiée à partir des cDNA obtenus des morphants *arx* à cause de la grande taille de l'intron (figure 27B).

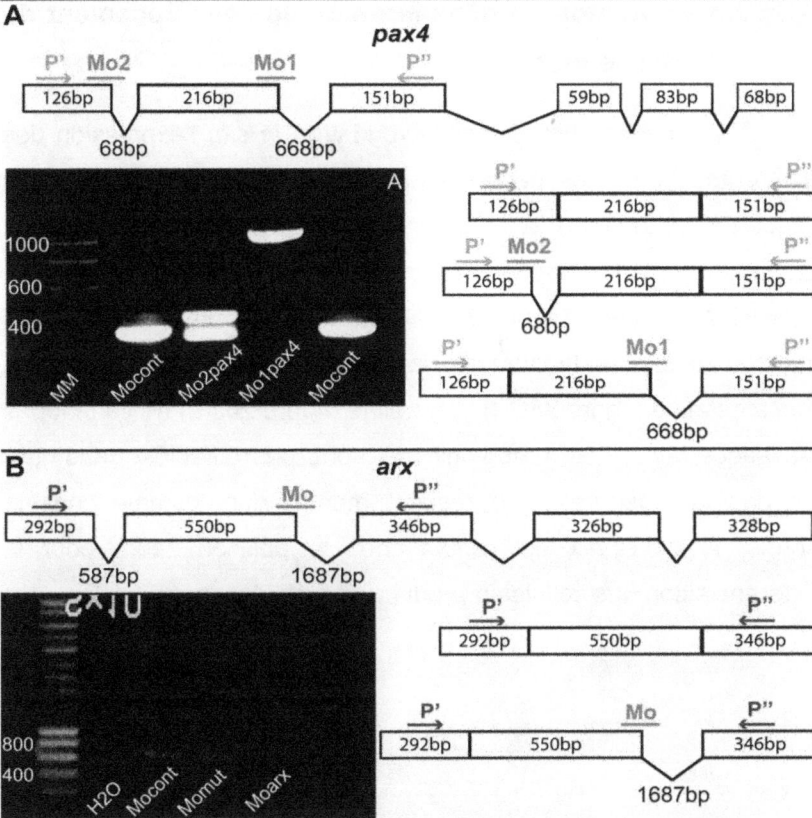

Figure 27 : Contrôle de l'efficacité du « knockdown » des gènes *pax4* et *arx* et mise en évidence de la perturbation de l'épissage par ces morpholinos. Représentation schématique du pre-ARNm *pax4* (A) et *arx* (B) montrant les limites exon-intron reconnus par les morpholinos. P' et P'' indiquent les amorces utilisées pour les RT-PCR. Dans le cas de *pax* (A) l'ADNc amplifié révèle la présence d'un intron dans sa séquence. Ce phénomène n'est pas observé avec le morpholino arx (B) à cause de la présence d'un intron plus grand de 1687pb.

116

3.3.2 Fonction du gène *arx* dans le développement du pancréas endocrine

Nous avons comparé par hybridation *in situ* l'expression des différentes hormones pancréatiques à 30 hpf dans les embryons injectés avec le Moarx et les embryons controles. Ce « knockdown » du gène *arx* par morpholino d'épissage entraine une perte totale des cellules à glucagon (figure 28A-C) dans la majorité des embryons injectés alors que le nombre de cellules insuline (figure 28D-F), somatostatine (figure 28G-I) et ghréline (figure 28J-L) ne varient pas statistiquement. Les embryons ne sont pas affectés dans leur morphologie générale. Ce résultat montre que, comme chez la souris, le gène *arx* est requis chez le poisson zèbre pour la différenciaition des cellules α productrices de glucagon.

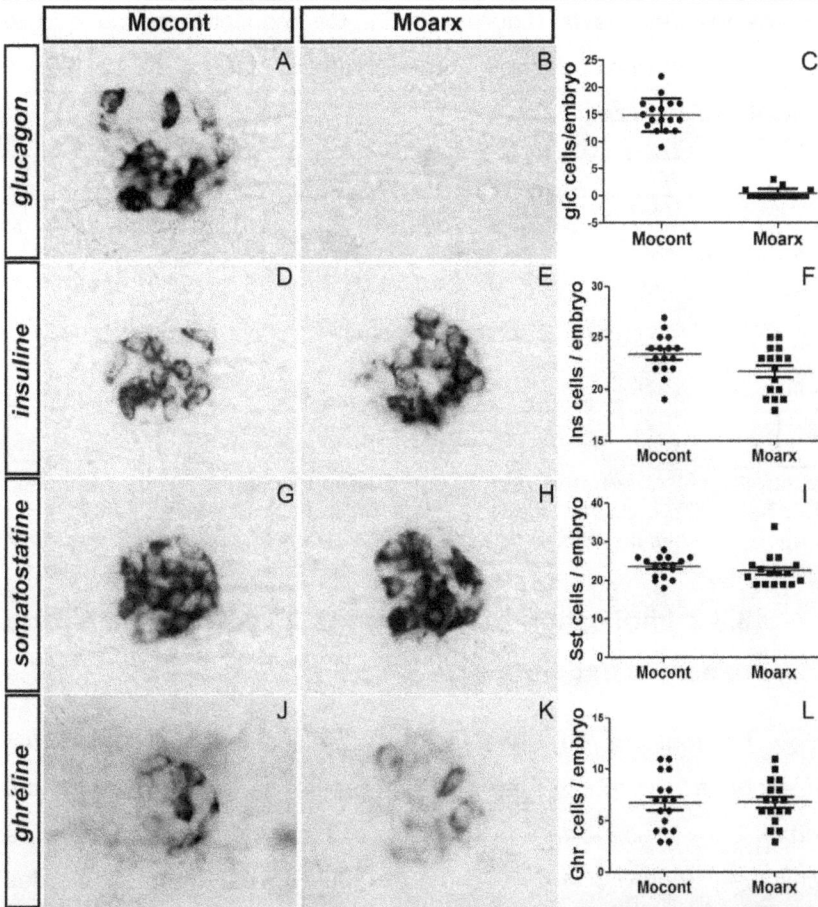

Figure 28: *arx* est requis pour la différenciation des cellules α. Expression de *glucagon* (A,B), *insuline* (D,E), *somatostatine* (G,H) et *ghréline* (J-L) dans les embryons contrôles (A, D, G, J) et les morphants *arx* (B, E, H, K , L), analysée à 30 hpf par hybridation *in situ*. Vue ventrale de la région pancréatique avec l'antérieur à gauche. Toutes les photos ont été prises à l'objectif 40X. La quantification des hormones pancréatiques (C, F, I, L) représente le nombre de cellules par embryon pour les embryons contrôles et les morphants *arx*.

De façon similaire, le « knockdown » du gène *arx* avec un morpholino de traduction (MoTarx) entraine une perte compléte de

118

toutes les cellules α. (figure 29A-B). Ce résultat confirme que le gène *arx* est indispensable pour la différenciation des cellules α chez le poisson zèbre.

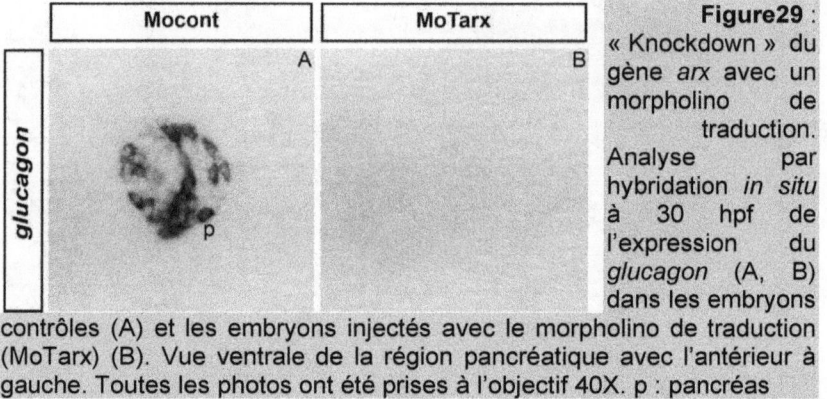

Mocont	MoTarx

glucagon

Figure29 : « Knockdown » du gène *arx* avec un morpholino de traduction. Analyse par hybridation *in situ* à 30 hpf de l'expression du *glucagon* (A, B) dans les embryons contrôles (A) et les embryons injectés avec le morpholino de traduction (MoTarx) (B). Vue ventrale de la région pancréatique avec l'antérieur à gauche. Toutes les photos ont été prises à l'objectif 40X. p : pancréas

3.3.3 Implication de *pax4* dans le développement du pancréas endocrine

La fonction du gène *pax4* a été également étudiée par injection de morpholino empêchant l'épissage normal du transcrit *pax4*. Le « knockdown » du gène *pax4* n'affecte pas le nombre de cellules β (figure 30A-C) et δ (figure 30D-F), ni la morphologie des embryons à 30 hpf. En revanche, nous avons observé une légère augmentation mais hautement reproductible et significative du nombre de cellules α (figure 30G-I ; p <0,0001) ainsi qu'une augmentation légère et significative du nombre de cellules ε (figure 30J-L ; p <0,003). Une augmentation du facteur *arx*, indispensable pour la différenciation des cellules α (voir paragraphe précédent) a également été observée (figure 30M-N). Mis ensemble, ces résultats indiquent que *pax4* n'est pas requis pour la différenciation d'un type cellulaire pancréatique particulier, mais modulerait le nombre de cellules α à travers la régulation du gène *arx* et réprimerait aussi légèrement le destin des cellules ε productrices de ghréline. Contrairement à ce qui est observé chez la souris, le facteur *pax4* n'est pas requis pour la différenciation des premières cellules β chez le poisson zèbre.

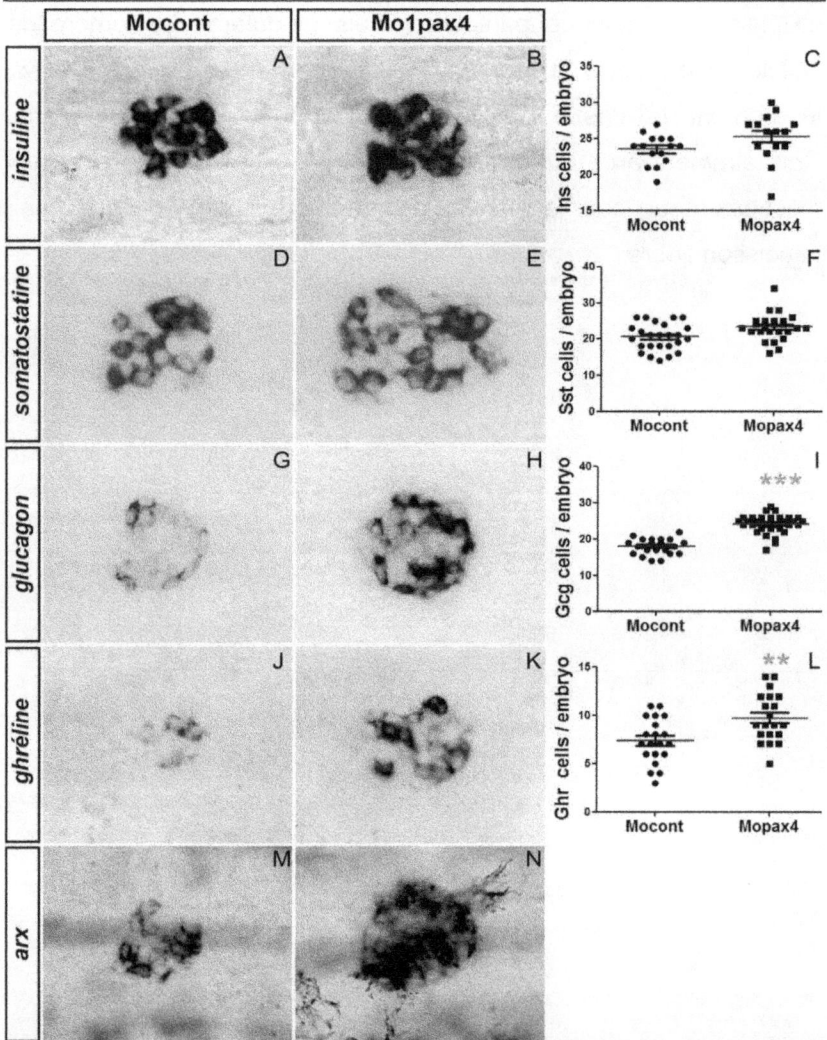

Figure 30: *pax4* n'est pas requis pour la différenciation des cellules β, mais module le nombre de cellules α et ε. (A-N) vue ventrale de la région pancréatique des embryons analysés par hybridation *in situ*, antérieur à gauche. Expression d'*insuline* (A, B), *somatostatine* (D, E), *glucagon* (G, H), *ghréline* (J-L) et *arx* (M, N) dans les embryons contrôles (A, D, G, J, M) et les morphants *pax4* (B, E, H, K, L, N), analysée à 30hpf. Toutes les photos ont été prises à l'objectif 40X. La quantification des hormones pancréatiques (C, F, I, L) représente le nombre de cellules par embryon

pour les embryons contrôles et les morphants *arx*. Les astérisques indiquent que la différence du nombre de cellule entre les embryons contrôles et les *morphants pax4* est statistiquement significative au test "t" de student (** : p <0,003 ; *** : p <0,0001).

Dans le but d'avoir plus de précision sur la fonction des gènes *pax4* et *arx*, nous avons injecté les morpholinos *pax* (Mo1pax4) (6 ng) et *arx* (Moarx) (2 ng) simultanément dans des embryons de poisson zèbre. Ces embryons ont été fixés à 30 hpf et nous avons analysé l'expression de quelques hormones pancréatiques. La perte simultanée de *pax4* et *arx* entraine une perte totale des cellules α (figure 31A, D) sans toutefois affecter le nombre de cellules β (figure 31B, E) et δ (figure 31C, F) du pancréas endocrine. Ceci conforte l'hypothèse selon laquelle *arx* est impliqué dans la différenciation des cellules α alors que le gène *pax4*, bien que exprimé dans les précurseurs endocrines et une partie des cellules δ, ne serait pas impliqué dans la différenciation des cellules β et δ chez le poisson zèbre.

glucagon	insuline	somatostatine

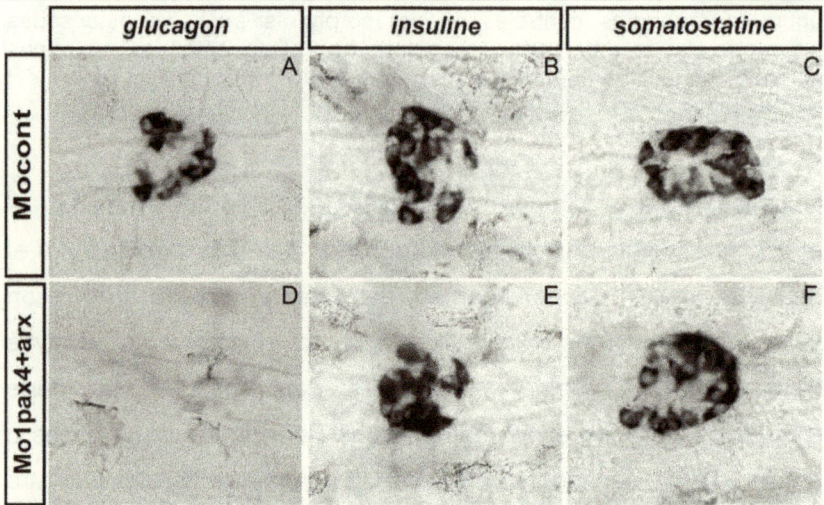

Figure 31 : *pax4* n'est pas requis pour la différenciation d'un type cellulaire endocrine bien spécifique. (A-F) vue ventrale de la région pancréatique des embryons analysés par hybridation *in situ*, antérieur à gauche. Expression de *glucagon* (A, D), *insuline* (B, E) et *somatostatine* (C, F) dans les embryons contrôles (A-C) et les doubles morphants *pax4/arx* (D-F), analysée à 30 hpf. Toutes les photos ont été prises à l'objectif 40X.

3.3.3.1 origines du surplus de cellules α

Nos résultats montrent que la perte de fonction de *pax4* entraine une augmentation significative du nombre de cellules α et ε sans toutefois entrainer une diminution proportionnelle du nombre de cellules β et δ comme observé chez la souris. Du coup, nous nous sommes demandé d'où provenait le surplus de cellules α et ε. Nous avons émis l'hypothèse suivant : l'inactivation de *pax4* pourrait entrainer la co-expression de plusieurs hormones par certaines cellules endocrines. Pour répondre à cette question, nous avons fait des expériences de double marquage pour le *glucagon* et les autres

123

hormones chez les embryons injectées avec 6 ng de morpholino *pax4*. La figure 32 montre qu'aucune cellule à *glucagon* ne co-localise avec le marquage *somatosatine* (figure 32A, B), ni avec le marquage insuline dans les embryons contrôles ou les morphants *pax4* (figure 32C, D). En revanche, en plus de l'augmentation significative des cellules à *glucagon* et à *ghréline* que nous avons observée dans les morphants *pax4*, nous observons également une augmentation significative du nombre de cellules exprimant ces deux hormones ($p < 0008$) (figure 32E-G). Cependant, nous pouvons également observer une augmentation des cellules α et ε n'exprimant qu'une seule hormone. En conclusion, la co-expression de *glucagon* et de *ghréline* ne peut pas expliquer à elle seule l'augmentation de cellules α et ε dans les morphants *pax4*. L'augmentation du nombre de cellules α et ε dans les morphants *pax4* provient probablement d'une différenciation excessive de ces types cellulaires à partir des cellules précurseurs. Le « knockdown » de *pax4* provoque une forte expression du facteur *arx* qui entrainerait une différenciation accrue de ces cellules.

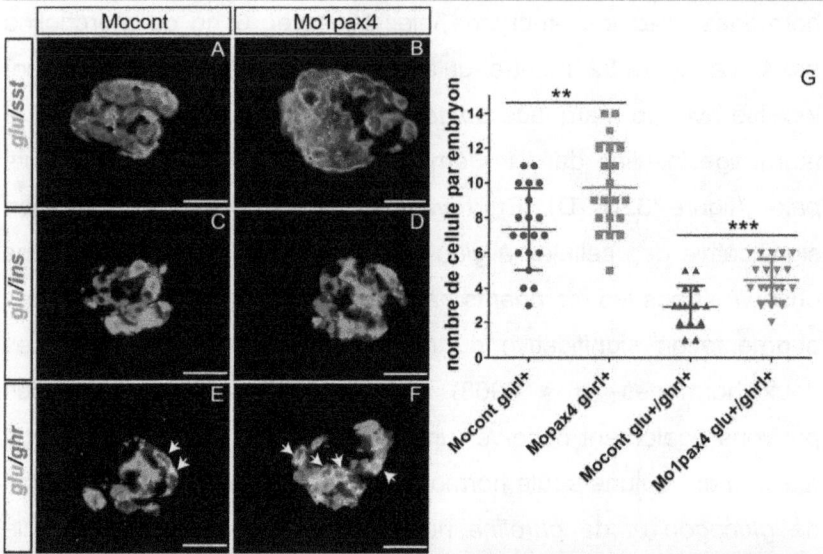

Figure32 : Les cellules à glucagon ne proviennent pas d'un autre type cellulaire endocrine. Double hybridation *in situ* fluorescente montrant à 30 hpf l'expression de *glucagon* et *somatostatine* (A, B), *insuline* (C, D) et *ghréline* (E, F) dans les embryons contrôles (A, C, E) et les morphants *pax4* (B, D, F). Images confocales en vue ventrale de la région pancréatique, antérieur à gauche. Échelle : 20µm. G : Quantification du nombre de cellules *ghréline* positive (ghrl+) et du nombre de cellules co-exprimant *glucagon* et *ghréline* (glu+/ghrl+) dans les embryons contrôles et les morphants *pax4*. Les astérisques indiquent que la différence du nombre de cellule entre les embryons contrôles et les morphants *pax4* est statistiquement significative au test t de student (** : p <0,003 ; *** : p <0,0008).

125

3.4 Études de la régulation des gènes arx et pax4

3.4.1 La protéine Pax4 régule négativement la transcription de son propre gène

Afin de déterminer si le facteur Pax4 régule la transcription de son propre gène, nous avons décidé d'analyser le niveau des transcrits *pax4* après « knockdown ». Les embryons ont été injectés avec le morpholino *pax4* et le transcrit *pax4* a été détecté à 30 hpf par hybridation *in situ* fluorescente. De façon surprenante, alors que le transcrit *pax4* dans les embryons contrôles est principalement cytoplasmique, nous avons constaté que le transcrit non épissé présent dans les morphants *pax4* était localisé dans les noyaux cellulaires comme démontré par la co-localisation avec le marqueur nucléaire topro3 (figure 33A-D). Nous avons également observé une augmentation de l'intensité du marquage *pax4* dans les noyaux, ainsi qu'une augmentation du nombre de cellules *pax4* positive après inhibition de l'expression de ce gène (figure 33A, B). Des données similaires mais moins prononcées ont été obtenues avec le morpholino Mo2pax4 qui a une efficacité moindre comparé à Mo1pax4. Ces résultats suggèrent d'une part que l'altération de l'épissage perturbe le transport du transcrit *pax4* du noyau vers le cytoplasme, et d'autre part que la protéine Pax4 est capable de réguler négativement l'expression de son gène.

126

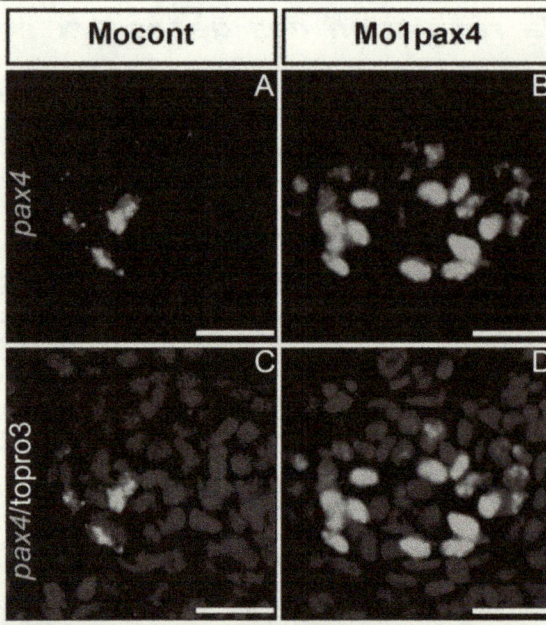

Mocont	Mo1pax4
A	B
C	D

pax4 (A, B)
pax4/topro3 (C, D)

Figure 33 : Le « knockdown » de *pax4* entraine une « up-régulation » de son transcrit mal épissé qui est maintenu dans les noyaux cellulaires. Hybridation *in situ* fluorescente suivie d'une coloration des noyaux cellulaires au topro3 (bleu) montrant à 30 hpf l'expression de *pax4* (vert) dans les embryons contrôles (A, C) et les morphants *pax4* (B, D). Images confocales en vue ventrale de la région pancréatique, antérieur à gauche. Échelle : 20µm.

3.4.2 Arx régule négativement la transcription de son propre gène

Suite à la mise en évidence du mécanisme de régulation du gène *pax4*, nous avons voulu savoir si le facteur *arx* régulait également sa propre expression. Pour cela, nous avons regardé l'expression du transcrit *arx* par hybridation *in situ* visible et fluorescente dans les morphants *arx*. Un phénomène similaire a été observé pour le gène *arx*. En effet, alors que le niveau de marquage des transcrits *arx* est faible et cytoplasmique dans les embryons contrôles, il est devenu très fort et nucléaire dans les morphants *arx* injectés par le morpholino bloquant l'épissage (figure 34A-B; E-H).

Dans les morphants *arx* injectés par le morpholino de traduction, nous observons également une forte augmentation du transcrit *arx* mais sans translocation nucléaire (figure 34C-D). Ceci montre que la perturbation de l'épissage est bien la cause de la translocation nucléaire du transcrit et que le « knockdown » du facteur Arx provoque une accumulation des transcrits *arx*. Il est important de mentionner que la surexpression du transcrit *arx* est observée dans la plupart des tissus exprimant le facteur Arx tels que le plancher du tube neural, le cerveau, les somites et la moelle épinière. De façon surprenante, cette surexpression n'est pas observée dans le pancréas et on note même une réduction de l'expression du transcrit *arx*. Ces résultats suggérèrent que la protéine Arx, contrôle négativement son expression dans tous les tissus sauf dans le pancréas où on observe une autorégulation positive.

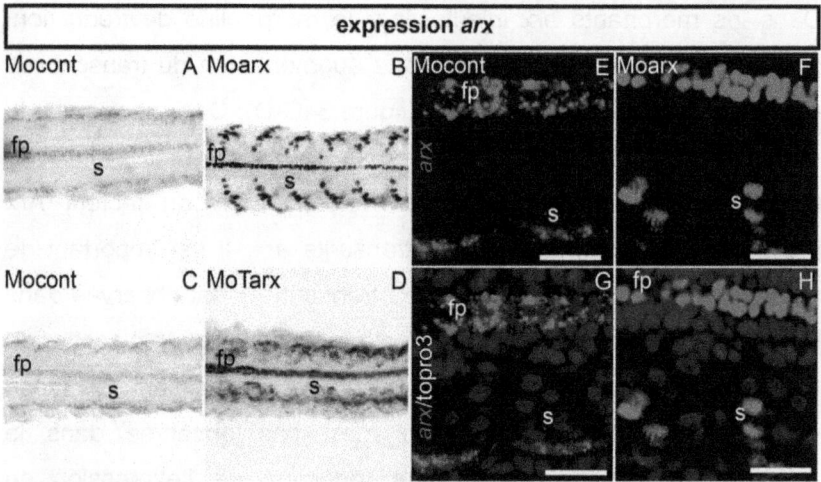

Figure 34 : Le « knocdown » d'*arx* entraine une « up-régulation » de son transcrit non pancréatique. Le blocage de l'épissage du transcrit *arx* par Moarx provoque sa rétention dans les noyaux cellulaires. Hybridation *in situ* visible (A-D) et fluorescente suivie d'une coloration des noyaux cellulaires au topro3 (E-H) montrant à 30 hpf l'expression de *arx* dans les embryons contrôles (A, C, E, G) et les morphants *arx* (B, D, F, H). Les images d'hybridation visibles ont été prises à l'objectif 20x. Les images confocales sont des vues ventrales d'une partie des somites (S) et du tube neural (fp), antérieur à gauche. Échelle : 20µm.

L'augmentation de l'expression du transcrit *arx* dans les somites, le tube neural et le système nerveux des morphants *arx* contraste avec la diminution de l'expression du transcrit *arx* pancréatique et suggère l'implication d'un facteur spécifique au pancréas qui contrecarre l'autorégulation négative d'*arx* dans cet organe. Sachant que la protéine Pax4 est un élément présent dans le pancréas et pas dans les autres tissus, et qu'elle a été décrite chez la souris comme un répresseur du gène *arx*, nous nous sommes dit qu'elle pouvait être responsable de l'autorégulation positive de la transcription du gène *arx* dans le pancréas. De plus, des études

129

réalisées chez la souris ont montré qu'il existait un antagonisme mutuel entre Pax4 et Arx (Collombat et al., 2003, 2005). Il était aussi important de déterminer si les facteurs Pax4 et Arx pouvaient réguler l'expression de l'un ou de l'autre chez le poisson zèbre. Nous avons donc étudié dans le paragraphe suivant l'antagonisme Pax4/Arx chez le poisson zèbre, et son effet sur l'autorégulation positive de la transcription du gène *arx* dans le pancréas.

3.4.3 Etude de l'antagonisme Pax4/Arx au cours de la différenciation endocrine pancréatique

Pour étudier l'antagonisme entre les gènes *pax4* et *arx*, nous avons vérifié si le « knockdown » de l'un entraine une modification du niveau d'expression de l'autre. Nos résultats montrent que le « Knockdown » de *pax4* entraine une augmentation du transcrit *arx* dans le pancréas (figure 35B, F). De plus, le transcrit *pax4*, qui est surexprimé dans les morphants *pax4* (figure 35A, E) est maintenu dans le noyau des cellules *arx* positives (figure 35D, H). Inversement, l'inhibition d'*arx* cause une « uprégulation » légère, mais hautement reproductible de *pax4* (Figure 36A, E) ainsi qu'un blocage du transcrit *arx* dans le noyau de quelques cellules *pax4* positives (figure 36D, H). On observe alors une augmentation de la co-expression des transcrits *pax4-arx* dans les morphants *arx*. Ces résultats montrent donc qu'il existe un antagonisme mutuel entre les gènes *pax4* et *arx* chez le poisson zèbre comme chez la souris. Le maintien des différents transcrits dans les noyaux cellulaires serait dû à la perturbation de l'épissage.

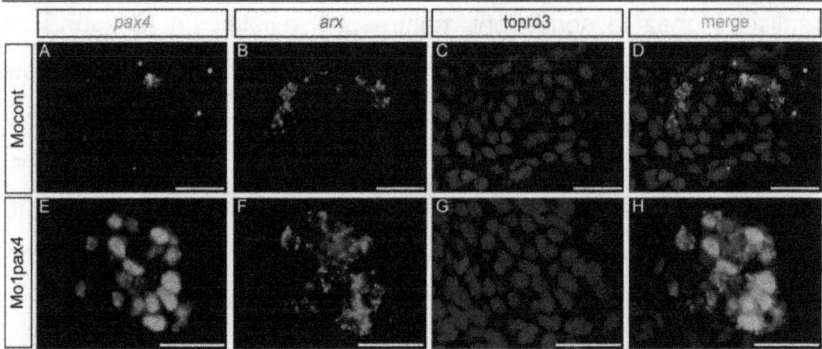

Figure 35 : Le « knockdown » de *pax4* entraine une « up-régulation » de son transcrit qui est maintenu dans le noyau des cellules *arx* qui est également « up-régulé ». Hybridation *in situ* fluorescente suivie d'une coloration des noyaux cellulaires au topro3 montrant à 30 hpf l'expression de *pax4* (A, E) et *arx* (B, F) dans les embryons contrôles (A-D) et les morphants *pax4* (E-F). Images confocales en vue ventrale de la région pancréatique, antérieur à gauche. Échelle : 20µm.

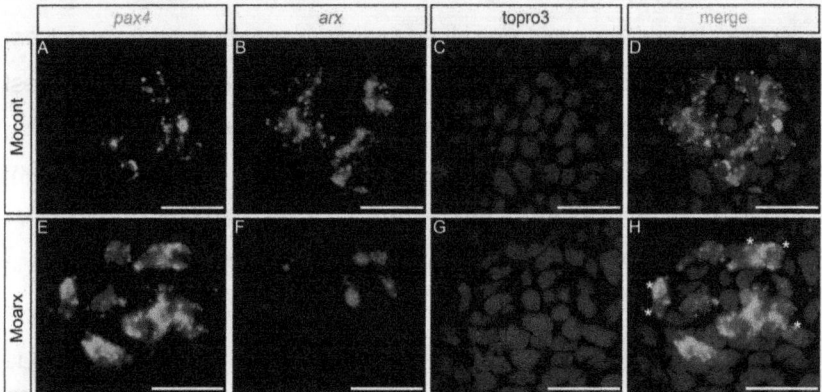

Figure 36 : Le « knockdown » d'*arx* entraine une « up-régulation » du transcrit *pax4* et une augmentation de la co-expression *pax4-arx*. Hybridation *in situ* fluorescente suivie d'une coloration des noyaux cellulaires au topro3 montrant à 30 hpf l'expression de *pax4* (A, E) et *arx* (B, F) dans les embryons contrôles (A-D) et les morphants *arx* (E-F). Images confocales en vue ventrale de la région pancréatique, antérieur à gauche. Échelle : 20µm. les astérisques indiquent les cellules qui co-expriment *pax4* et *arx*

131

Afin de vérifier si l'antagonisme entre les gènes pax4 et arx était responsable de l'autorégulation positive du gène arx dans le pancréas, nous avons analysé l'expression du transcrit arx dans des embryons de poisson zèbre inactivés pour les gènes pax4, arx ou pax4/arx. Nous avons observé que dans les simples morphants arx, l'intensité du marquage et le nombre de cellules exprimant le transcrit arx pancréatique étaient faible (figure 37A, C). En revanche, dans les doubles morphants pax4/arx, nous avons trouvé que le niveau de coloration et le nombre de cellules arx pancréatique était très élevé (figure 37A, C, D). Ce résultat montre le rôle central du gène pax4 sur la régulation du gène arx, mais aussi confirme l'hypothèse selon laquelle l'action répressive de Pax4 sur le gène arx est également présente chez le poisson zèbre et contrecarre l'autorégulation négative du gène arx au niveau du pancréas.

132

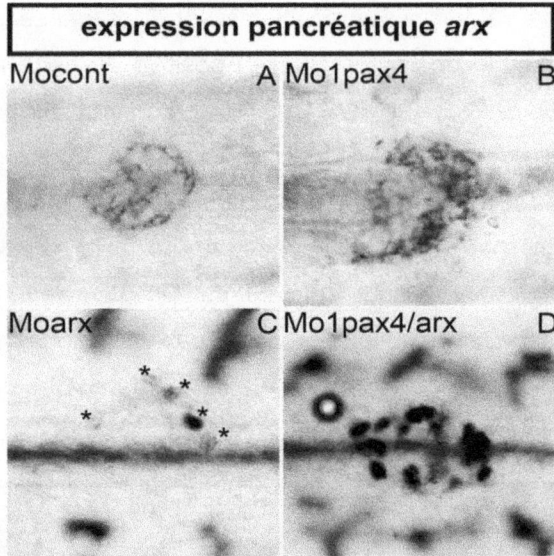

Figure 37 : L'inactivation simultanée de *pax4* et *arx* restaure le niveau normal du transcrit *arx* pancréatique. Expression pancréatique d'*arx* analysée par hybridation *in situ* à 30 hpf, antérieur à gauche dans les embryons contrôle (A), les morphants *pax4* (B), les morphants *arx* (C) et les doubles morphants *pax4/arx* (D). Toutes les photos sont en vue ventrale et ont été prises à l'objectif 40X

3.5 Cinétique d'expression des gènes pax4 et arx

Pour comparer la cinétique d'expression des gènes *pax4* et *arx* au cours du développement embryonnaire chez le poisson zèbre, nous avons réalisé des doubles marquages fluorescents sur des embryons de poisson zèbre à 22 hpf, 24 hpf et 30 hpf. Nous avons constaté qu'à 22 hpf, les transcrits *pax4* et *arx* sont détectés majoritairement dans les mêmes cellules pancréatiques (figure 38A-C), puis leur domaine d'expression pancréatique se ségrége progressivement. Dans le pancréas des embryons de 24 hpf et 30

133

hpf, le taux de co-expression entre les deux gènes diminue fortement (entre une et deux cellules co-expriment les deux facteurs) et les transcrits *pax4* et *arx* sont majoritairement exprimés dans des cellules distinctes (figure 38D-I).

Ce résultat montre clairement que *pax4* et *arx* peuvent être co-exprimés précocement. Ensuite, l'expression de ces deux gènes ségrège au cours du développement embryonnaire et ils sont finalement exprimés dans les cellules distinctes. *arx* privilégierait alors les cellules α productrices de glucagon alors que *pax4* opterait pour les cellules δ, ε et les précurseurs endocrines.

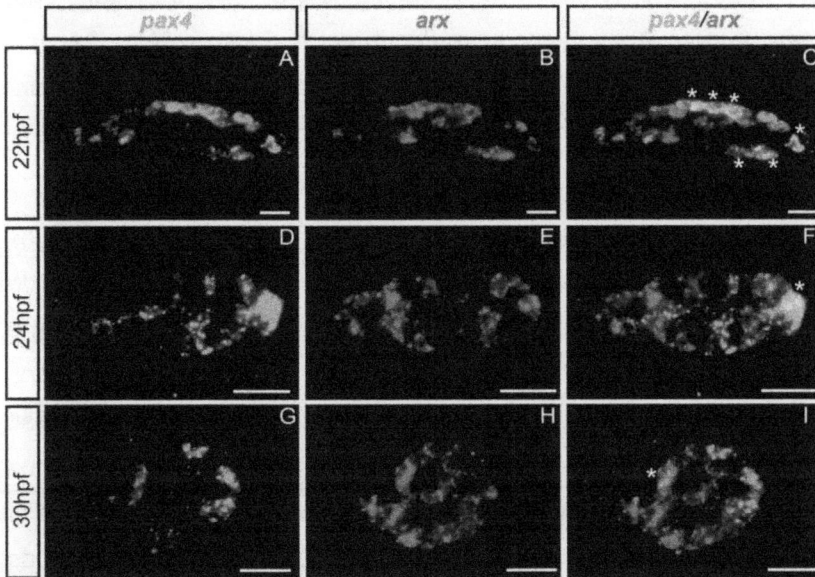

Figure 38 : Co-expression de pax4 et arx pendant la différenciation des cellules pancréatiques. Hybridation *in situ* fluorescente montrant l'expression de *pax4* et arx à 22 hpf (A-C), 24 hpf (D-F) et 30 hpf (G-I). Images confocales en vue ventrale de la région pancréatique, antérieur à gauche. Échelle : 20µm. les astérisques indiquent les cellules co-exprimant les deux facteurs.

3.6 Analyse des transcrits arx et pax4 dans les doubles morphants pax4/arx

L'ensemble de nos résultats a montré que les protéines Pax4 et Arx contrôlent négativement leur expression. Elles sont également capables de réprimer mutuellement la transcription de leur gène. Nous avons également observé une diminution du transcrit *arx* dans le pancréas lorsque ce dernier est inactivé alors qu'il est « uprégulé » dans les autres compartiments ou il est exprimé. Nos résultats ont clairement indiqué que cette diminution du transcrit *arx* pancréatique était liée à la présence de Pax4 dans le pancréas, mais surtout à l'antagonisme décrit entre Pax4 et Arx. Afin de confirmer ces résultats, on est allé plus loin, en analysant l'expression de *pax4* et *arx* par double hybridation *in situ* fluorescente dans les simples et les doubles morphants.

Nous observons une augmentation du transcrit *pax4* dans les morphants *pax4* (figure 39A-B), ainsi qu'une augmentation du transcrit *arx* (figure 39E-F) confirmant ainsi un mécanisme d'autorégulation de ce facteur et son rôle inhibiteur sur le gène *arx*. La diminution d'*arx* dans le pancréas des morphants *arx* pourrait être due à l'augmentation de *pax4* (figure 39C, G). Nous remarquons que beaucoup de cellules co-expriment le transcrit *pax4* et *arx* dans les *morphants pax4* (figure 39j), alors que dans les embryons contrôles, les deux transcrits sont détectés dans des cellules distinctes (figure i). La co-expression des transcrits *arx* et *pax4* est particulièrement évidente dans les doubles *morphants pax4*/arx où les deux transcrits sont abondants et localisés dans les

135

noyaux (figure 39D-L). Cette expérience démontre clairement l'antagonisme entre les 2 facteurs.

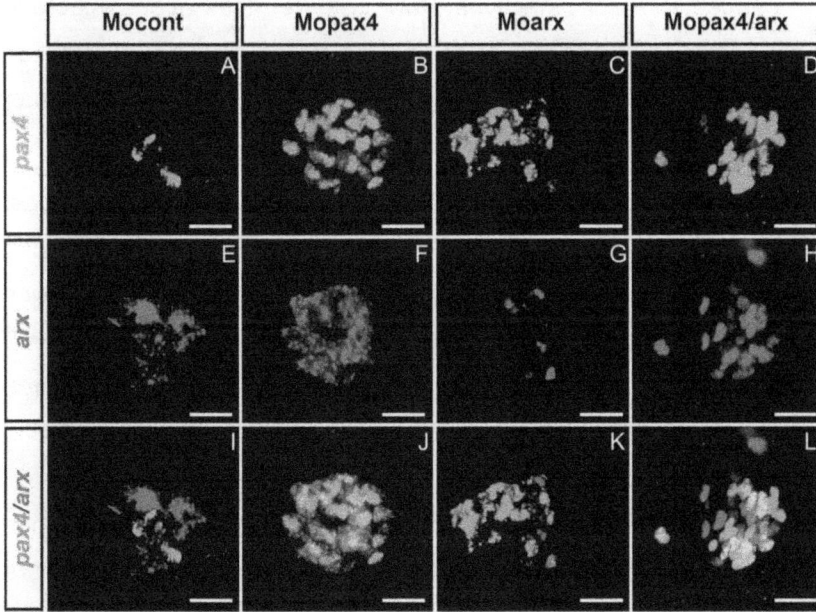

Figure 39 : Expression des transcrits *pax4* et *arx* dans les simples et les doubles morphants. Hybridation *in situ* fluorescente montrant à 30 hpf l'expression de *pax4* (A-D), d'*arx* (E-H) et la superposition des deux facteurs (I-L) dans les embryons contrôles (A,E,I), les morphants *pax4* (B,F,J), les morphants *arx* (C,G,K) et les doubles morphants *pax4*/arx (D,H,L). Images confocales en vue ventrale de la région pancréatique, antérieur à gauche. Échelle : 20µm.

3.7 Analyse du destin des cellules Pax4 et Arx après « knockdown »

Nous avons vu précédemment que l'utilisation des morpholinos entrainait une perturbation de l'épissage provoquant ainsi un blocage des transcrits *pax4* et *arx* dans le noyau des cellules. Cette

136

stratégie a été utilisée pour déterminer si il y a un changement d'identité des cellules où les gènes *pax4* ou *arx* sont transcrits, mais où ces facteurs sont inactivés. Pour ce faire, nous avons injecté le morpholino *pax4* (Mo1pax4) et analysé les cellules par hybridation *in situ* fluorescente avec la sondes *pax4* et d'autres marqueurs pancréatiques.

Lorsque *pax4* est inhibé, son transcrit nucléaire mal épissé est détecté dans certaines cellules *sox4b* qui est un marqueur des précurseurs endocrines (figure 40D, H), et majoritairement dans les cellules δ (figure 40C, G). Il n'est jamais observé dans les cellules β (figure 40A, E). En revanche, alors que le transcrit *pax4* est très rarement exprimé dans les cellules à glucagon dans les embryons contrôles, une plus grande proportion de cellules α co-exprime ce facteur dans les morphants *pax4* (figure 40B, F). Ces observations suggèrent qu'en absence de l'activité de *pax4*, les précurseurs endocrines qui devaient exprimer *pax4* peuvent générer les cellules α aussi bien que les cellules δ et ε. Toutefois, les cellules *pax4* restent majoritairement exprimées dans les cellules à somatostatine et les précurseurs endocrines.

La transcription du gène *arx* étant fortement inhibée à la suite du « knockdown », il était difficile d'utiliser la même stratégie pour évaluer l'identité des cellules *arx* positives dans les morphants *arx*. Pour contourner ce problème, nous avons inhibé simultanément *pax4* et *arx*, cette stratégie facilitant la détection du transcrit *arx*. Comme dans les embryons contrôles, le transcrit *arx* n'a pas été détecté dans les cellules β (figure 40I, M), ni δ (figure 40K, O). Une minorité de cellules ε co-exprime *arx* aussi bien dans les embryons

137

contrôles que dans les doubles morphants (figure 40L, P). Aucune expression de glucagon n'a pu être détectée dans les doubles morphants confirmant ainsi l'efficacité du « knockdown » du gène *arx*. Ces données indiquent qu'il n'y a pas un changement de destin des cellules transcrivant le gène *arx* après le double knockdown *pax4/arx*. Ces cellules *arx* positives sont probablement bloquées dans leur processus de différenciation vers les cellules α. Le « switch » des cellules α en cellules β observé chez la souris après « knock-out » du gène *arx* ne semble pas se produire chez le poisson zèbre.

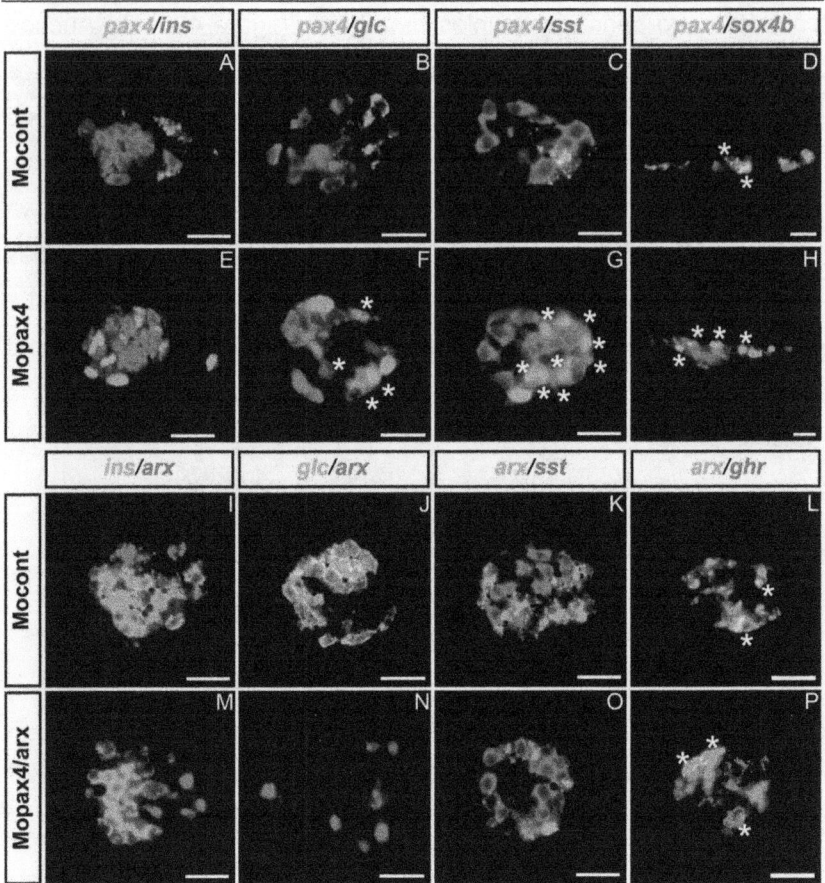

Figure 40 : Destin pancréatique des cellules *pax4+* et *arx+* après le « knockdown ». Double hybridation *in situ* fluorescente montrant à 30 hpf l'expression de *pax4* avec *insuline* (A,E), *glucagon* (B,F), *somatostatine* (C,G) et *sox4b* (D,H) dans les embryons contrôles (A-D) et les morphants *pax4*(E-H). Expression de *arx* avec *insuline* (I,M), *glucagon* (J,N), *somatostatine* (K,O) et *ghréline* (L,P) dans les embryons contrôles (I-L) et les doubles morphants *pax4*/arx (M-P). Images confocales en vue ventrale de la région pancréatique, antérieur à gauche. Échelle : 20µm. Les astérisques indiquent les cellules qui co-expriment deux facteurs.

Le gène *arx* étant également exprimé dans les autres tissus, nous avons voulu savoir si le changement de destin cellulaire pouvait se réaliser dans ces tissus et pas dans le pancréas. Pour cela, nous avons fait une double hybridation *in situ* fluorescente avec les sondes *arx* et *myoD* (myoblast Determination), un facteur de transcription myogénique. Nos résultats montrent que le transcrit *arx* est exprimé dans les somites aussi bien dans les embryons contrôles (figures 41A-C) que dans les morphants *arx* (figure 41D-F). Dans les embryons contrôles, le marquage *arx* est assez uniforme dans les somites alors qu'il a une structure en v avec des noyaux fortement marqués dans les morphants *arx*. Cette structure en v est tout simplement due à la localisation des noyaux au centre des fibres musculaires. Ce résultat suggère que l'inactivation d'*arx* n'induit pas un changement de destin au niveau des somites.

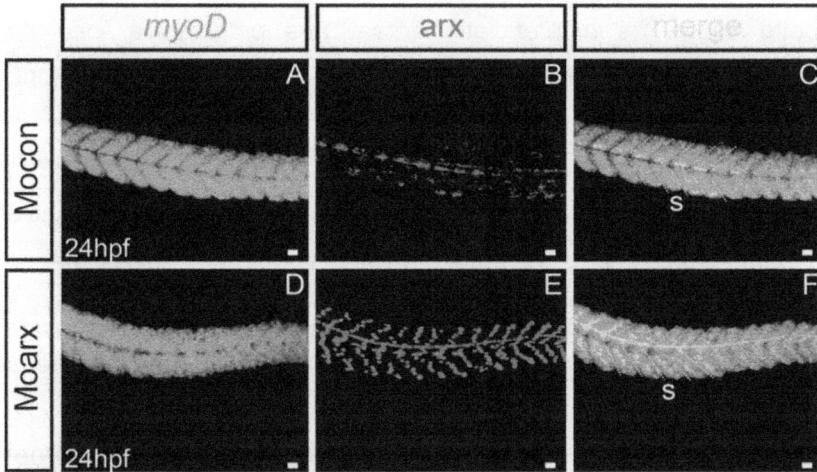

Figure 41 : Destin somitique des cellules arx+ après « knockdown ». Double Hybridation *in situ* fluorescente montrant l'expression de *myoD* (A,D), d'*arx* (B,E) et la superposition des deux transcrits (C,F) dans les embryons contrôle (A-C) et les morphants *arx* (D-F). Images confocales en vue latérale de la partie postérieure des embryons. Échelle : 20µm.

3.8 Pax4 et la voie de signalisation Delta-Notch

3.8.1. *Pax4* est réactivé tardivement

Nous avons montré que *pax4* est exprimé transitoirement dans les cellules endocrines différenciées ainsi que dans les précurseurs endocrines du bourgeon dorsal, avec une expression à peine détectable après 34 hpf. Chez le poisson zèbre, une seconde vague de différenciation endocrine commence vers 2,5 dpf et se fait à partir des canaux pancréatiques (Dong *et al.*, 2007; Wang *et al.*, 2011). *Pax4* est-il exprimé dans ces cellules de la deuxième vague? Cette vague de différenciation étant très progressive, peu de cellules endocrines en différenciation sont détectées vers 3 - 6 dpf. Un moyen de les mettre plus facilement en évidence est d'inhiber la voie Notch. En effet, il a été montré que bloquer cette voie entre 3 et 5 jours conduit à une différenciation endocrine précoce et excessive à partir des précurseurs présents dans les canaux à ces stades (Parsons *et al.*, 2009; Wang *et al.*, 2011).

À cet effet, nous avons utilisé le DAPT (100 µM), un inhibiteur de la γ-sécrétase qui est une enzyme nécessaire à l'activation de la voie Notch, pour traiter les larves de poissons zèbres à partir de 3 dpf pendant 48 heures. Les larves contrôles ont été traitées avec du DMSO 1%. Alors que *pax4* est rarement détecté dans les canaux intra-pancréatiques des larves contrôles de 5 dpf (figures 42A), l'inhibition de la voie Notch avec du DAPT active l'expression de *pax4* dans cette région (figure 42D) ainsi qu'une apparition d'îlots secondaires comme illustré ici avec la somatostatine (figure 42E).

141

Le domaine d'expression de *pax4* dans les larves traitées au DAPT correspond à la localisation des canaux pancréatiques (situés au centre du tissu exocrine). Ce résultat montre que *pax4* est réactivé pendant la deuxième vague de différenciation endocrine.

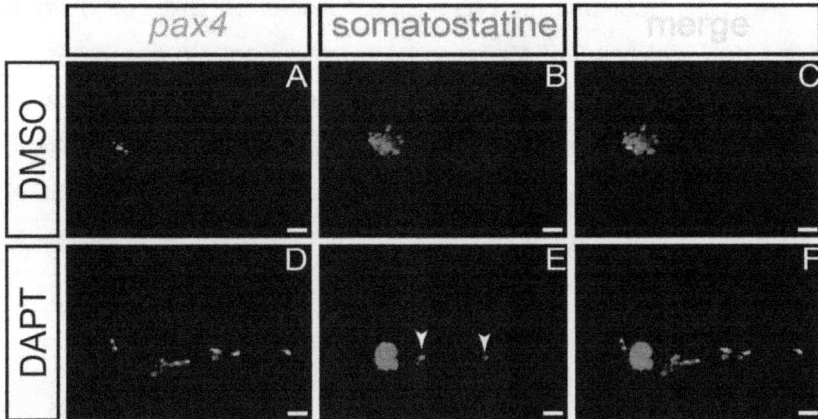

Figure 42 : L'inhibition de la voie Delta-Notch entraine une réactivation de *pax4*. Double hybridation *in situ* fluorescente montrant à 5 dpf l'expression de *pax4* (A,D), de *somatostatine* (B,E) et la superposition des deux facteurs (C,F) dans les embryons contrôle (A-C) et les embryons traités au DAPT, un inhibiteur de la γ-sécretase (D-F). Images confocales en vue semi-latérale de la région pancréatique, antérieur à gauche. Échelle : 20µm. les bouts de flèches indiquent les îlots secondaires.

3.8.2 Implication de *pax4* dans la formation des îlots secondaires dépendant de la voie de signalisation Notch

L'expression de *pax4* étant réactivée après inhibition de la voie Notch dans la région des canaux pancréatiques, ceci soulève la question de sa fonction dans la formation des îlots secondaires à partir des canaux. Afin de déterminer si *pax4* est requis tardivement pour la formation des 'îlots secondaires du pancréas suite à l'inactivation de la voie Notch, nous avons analysé l'expression d'insuline et de somatostatine par double hybridations *in situ* fluorescentes sur des morphants *pax4* traités au DAPT 100 μM à partir de 3 dpf pendant 48 heures. Les larves ont été observées au microscope à fluorescence et classées en deux catégories : celles présentant un îlot principal unique (et dérivé du bourgeon dorsal) (figure 43A) et celles présentant, en plus de l'îlot principal et postérieurement, des îlots secondaires (dérivés de la seconde vague) (figure 43B).

Dans les larves exposées au DMSO, des îlots secondaires sont observés chez 7% des morphants contrôles et 9% des morphants *pax4*. En revanche, lorsque la voie Notch est inactivée, 33% des morphants contrôles présentent des îlots secondaires contre 5% des morphants *pax4* (figure 43C). Ce résultat suggère que le « knockdown » de *pax4* prévient la formation des îlots secondaires en cas d'inactivation de la voie Notch chez le poisson zèbre.

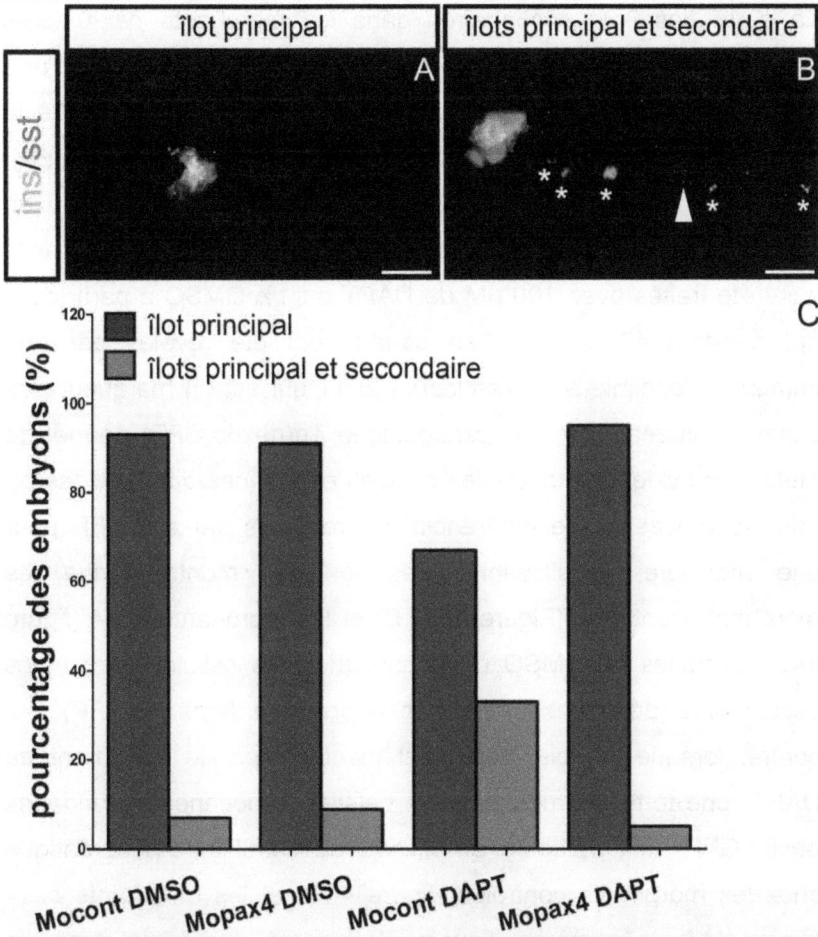

Figure 43 : *pax4* semble requis pour la formation d'îlots secondaires. (A, B) images confocales du pancréas des embryons de 5 dpf en vue semi-latérale, antérieur à gauche. Double hybridation *in situ* fluorescente *insuline/somatostatine* d'un embryon avec un îlot principal (A), un îlot principal et des îlots secondaires (B). Les astérisques montrent les îlots secondaires exprimant l'insuline alors que le bout de flèche montre l'îlot secondaire marqué à la somatostatine. Échelle : 20µm. C : Le graphique montre le pourcentage d'embryons avec ou sans îlots secondaires en fonction du traitement. N (64) est le nombre total d'embryon analysé.

La perte des îlots secondaires dans les morphants *pax4* après traitement au DAPT pouvant indirectement découler d'une malformation des canaux pancréatiques, nous en avons vérifié la structure. La lignée double transgénique Tg(*pax6b*:GFP); Tg(*insuline*:Dsred) a été injectée avec le morpholino *pax4* ou un morpholino contrôle au stade une cellule. Les embryons ont par la suite été traités avec 100 µM de DAPT ou 1% DMSO à partir de 3 dpf pendant 48 heures. Les canaux ont été révélés par une immunohistochimie avec l'anticorps 2F11 qui est un marqueur des canaux pancréatiques. Le transgénique Tg(*pax6b*:GFP) permet de mettre en évidences toutes les cellules endocrines différenciées ou dans le processus de différenciation (révélées par anti-GFP pour une meilleure visualisation). Les résultats montrent que les morphants contrôles (Figure 44A, B) et les morphants *pax4* (figure 44D, E) traités au DMSO n'ont que quelques cellules endocrines secondaires (détectées surtout par l'expression de *pax6b*:GFP). Par contre, lorsque la voie Notch est inactivée par le traitement au DAPT, une forte augmentation de cellules endocrines secondaires *pax6b*:GFP+ est détectée au niveau du canal intra-pancréatique chez les morphants contrôles (figure 44G) et les morphants *pax4* (figure 44J) ; néanmoins, l'augmentation est plus faible dans les morphants *pax4* que dans les morphants contrôles (figure 44N). De même, nous avons constaté une augmentation des cellules endocrines secondaires *insuline*:Dsred dans les Mocont (figure 44H) et les Mopax4 (figure 44K) après traitement au DAPT, mais dans ce cas également l'augmentation des cellules *insuline*:Dsred est plus faible dans les morphants *pax4* comparée aux morphants contrôles (figure 44M). Dans toutes les conditions analysées, les canaux semblent normaux aussi bien dans les morphants contrôles que les morphants *pax4* (figure 44 C, F, I, L). Tous ces résultats suggèrent que *pax4* est requis pour la génération des cellules endocrines secondaires apparaissant au niveau du canal intra-pancréatique principal.

Lors de ces analyses immunocytochimiques, nous avons remarqué la formation d'un amas de cellules *pax6b*:GFP+, dans tous les embryons injectés avec le morpholino *pax4* (flèche jaune dans la figure 44D, J), celui-ci étant absent dans les embryons contrôles. Cet amas de cellules endocrines est présent en position antérieure et médiane par rapport à l'îlot principal et est localisé dans, ou le long, du canal extra-pancréatique reliant le pancréas au reste du tube digestif. Ce résultat suggère que le facteur Pax4 inhibe la formation de cellules endocrines près du canal extra-pancréatique. En conclusion, ces résultats montrent un effet opposé de Pax4 sur la formation des cellules endocrines secondaires en fonction de la localisation de ces cellules secondaires : au niveau des canaux intra-pancréatiques, Pax4 semble avoir un effet stimulateur, alors qu'il semble agir en tant qu'inhibiteur au niveau du canal extra-pancréatique. Etant donné que nous n'avons pas d'explication sur ces effets opposés, ces résultats n'ont pas été intégrés dans l'article soumis pour publication.

L'ensemble de ces résultats indique que *pax4* semble requis pour la formation des îlots secondaires pancréatiques induits par l'inhibition de la voie Notch. L'absence d'îlots dans les morphants *pax4* n'est pas due à une absence ou une malformation des canaux intra-pancréatiques car ils sont normaux dans les morphants *pax4*.

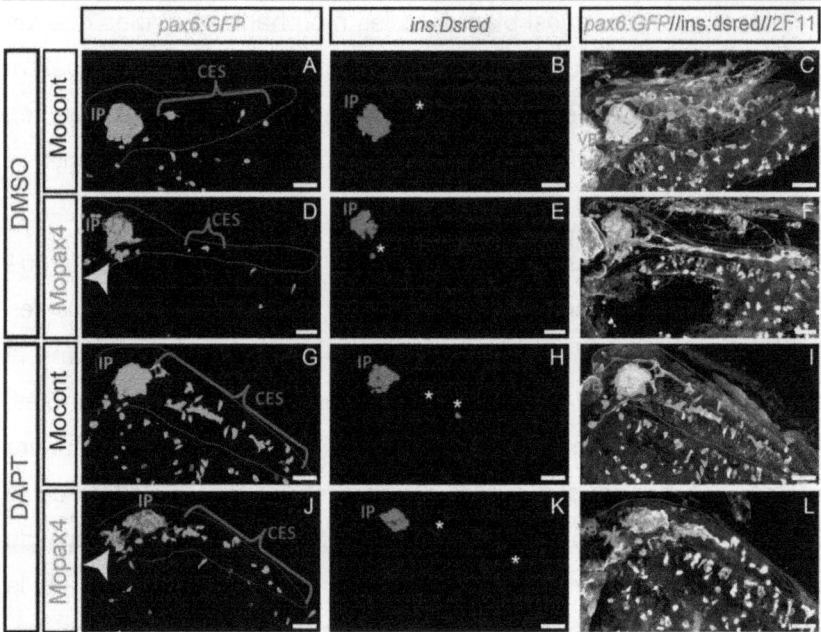

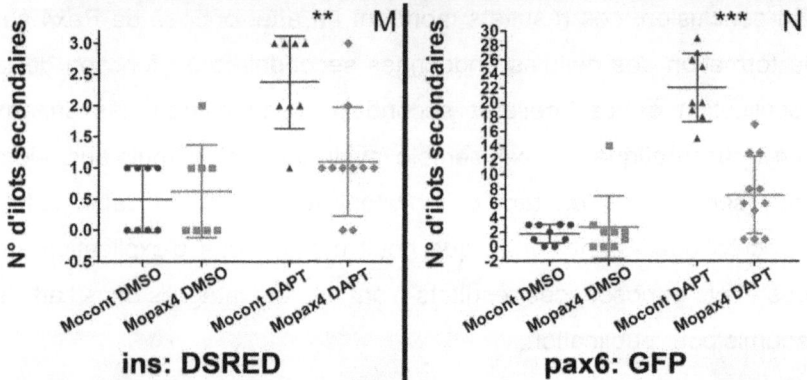

Figure 44 : Le blocage de la formation des îlots secondaires par le « knockdown » de *pax4* n'est pas dû à une malformation des canaux pancréatiques. (A-L) Images confocales du pancréas des embryons de 5 dpf en vue ventrale, antérieur à gauche. Échelle : 20 µm. Les cellules *pax6b*:GFP (A, D) ou *insuline*:DsRed (B-E) des embryons contrôles (A-C) ou des morphants *pax4* (D-F) traités au DMSO sont localisées au niveau de l'îlot endocrine principal, quoi que de temps en temps quelques cellules endocrines secondaires sont détectées postérieurement (B, E, astérisques). Les canaux des embryons traités au DMSO marqués avec 2F11 ont une morphologie normale (C, F). Le pancréas des embryons contrôle traités avec 100 µM de DAPT de 3 dpf à 5 dpf montre une grande augmentation du nombre de cellules endocrines secondaires exprimant *pax6b* (G) et quelques cellules exprimant *Insuline* (H, astérisques). Les morphants *pax4* traités dans les mêmes conditions montrent une augmentation moins importante du nombre de cellules secondaires *pax6b*+ postérieur (J) et *insuline*+ (K). Les canaux semblent normaux dans les deux cas (I, L). Une masse de cellule *pax6b* est détectée au niveau du canal extra-pancréatique chez les morphants *pax4* (flèche jaune). Nombre de cellules endocrines secondaires postérieurs *insuline* :Dsred (M) ou *Pax6b* :GFP (N) par embryons. Les astérisques sur les graphes indiquent que la différence du nombre de cellules secondaires entre les embryons contrôles et les *morphants pax4* traités au DAPT est statistiquement significative au test ''t'' de student (** : p <0,005 ; *** : p <0,0001). La région pancréatique est délimitée par des pointillés rouges. (VB : vésicule biliaire ; IP : îlot principal ; CES : cellules endocrines secondaires)

4 DISCUSSION

Le pancréas du poisson zèbre dérive de deux bourgeons d'origine endodermique, le bourgeon dorsal et le bourgeon ventral. Le pancréas endocrine se développe à partir d'un pool de progéniteurs situé dans les deux bourgeons et requiert l'implication de plusieurs facteurs de transcription (Jensen, 2004; Murtaugh, 2007). Il a été clairement démontré chez la souris que l'antagonisme mutuel existant entre les facteurs de transcription PAX4 et ARX était nécessaire à la spécification des sous-types cellulaires endocrines, ARX favorisant le destin de cellules α tandis que PAX4 privilégie le destin des cellules β et δ. Chez cette espèce, *Pax4* est exprimé majoritairement dans les cellules β en différenciation et est requis pour la génération non seulement de ces cellules β, mais aussi des cellules δ (Sosa-Pineda *et al.*, 1997; Collombat *et al.*, 2003; Jensen, 2004; Murtaugh, 2007; Courtney *et al.*, 2011).

Au moment où j'ai commencé ma thèse, aucune donnée n'était disponible sur la présence de l'ortholologue *pax4* chez les espèces autres que les mammifères car il avait été cloné uniquement chez la souris, l'humain et le rat (Pilz *et al.*, 1993; Inoue *et al.*, 1998; Tokuyama *et al.*, 1998; Brun and Gauthier, 2008). De plus, une étude récente a également montré que le gène *pax4* n'était pas présent dans le génome de certains amphibiens et des oiseaux alors qu'ils disposent de cellules β, soulevant ainsi la question du rôle initial de *pax4* dans la différentiation des cellules pancréatiques (Manousaki *et al.*, 2011). L'objectif principal de ma thèse a été de cloner et d'étudier la fonction de ce gène et du gène *arx* qui est une cible de ce dernier, au cours de la différenciation pancréatique endocrine chez le poisson zèbre. La comparaison de l'expression et de la fonction de ces deux gènes chez le poisson zèbre et la souris, deux vertébrés très différents phylogénétiquement, permet de mettre en évidence non seulement la fonction initiale de ces deux gènes, mais aussi les mécanismes conservés et donc probablement très importants, suggérant ainsi leur extrapolation à l'humain.

4.1 pax4 : conservation du domaine paired et de l'homéodomaine

Dans cette étude, nous avons cloné le gène *pax4* chez le poisson zèbre et sa séquence protéique a été comparée à celle de l'humain et de la souris, mais aussi aux séquences peptidiques Pax6 de ces trois espèces. Nous avons choisi Pax6 parce qu'il a été montré chez les mammifères que *pax4* et *pax6,* appartenant au même sous-groupe, avaient des domaines d'expression similaires. De plus, La région codante des deux gènes *pax* est composée de 10 exons, le domaine paired et l'homéodomaine sont codés tous deux par trois exons et les limites exons de ces domaines conservés sont pratiquement identiques dans les deux gènes (Wehr and Gruss, 1996; Inoue *et al.*, 1998; Mansouri *et al.*, 1999). D'après Manousaki et *al.*, le gène *pax4* proviendrait du gène *pax6/eyeless* lors d'une des deux duplications du génome qui se sont effectuées lors de l'apparition des premiers vertébrés. Ceci explique les similitudes au niveau de leur séquence et dans la structure de leur gène (Manousaki *et al.*, 2011). La comparaison de séquences peptidiques Pax4 de poisson zèbre avec les orthologues humains et murins a révélé une conservation du domaine paired et de l'homéodomaine alors que la région C-terminale était assez divergente. En revanche, la séquence des protéines Pax6 est extrêmement conservée au niveau de tous ces domaines. Plusieurs observations montrent clairement que la séquence *pax4* de poisson zèbre que nous avons cloné est bien l'orthologue de la séquence mammalienne.

Nous avons identifié 13 résidus d'acides aminés du domaine paired et de l'homéodomaine communs aux protéines Pax4 et divergent de Pax6.

Il y a synténie du côté 5' du gène *pax4* de toutes les espèces analysées.

Les limites exons – introns des domaines conservés sont identiques.

Le profil d'expression du gène *pax4* de poisson zèbre est semblable à celui décrit dans le modèle murin: le gène *pax4* de poisson zèbre est essentiellement exprimé dans les précurseurs endocrines et pas dans les autres organes comme chez la souris.

Nous avons enfin observé un antagonisme mutuel entre les gènes *pax4* et *arx* de poisson zèbre, ce phénomène a également été décrit pour les deux gènes dans le modèle murin.

La comparaison des séquences protéiques Pax4 et Pax6 montre clairement que les gènes *pax4* ont divergé beaucoup plus rapidement et aurait subi plus de modifications au cours de l'évolution que les protéines Pax6, comme en témoigne la divergence au niveau de leur séquence, mais aussi sa perte chez certains amphibiens et les oiseaux (Manousaki *et al.*, 2011). *Pax6* a très peu changé car il a probablement des fonctions essentielles chez tous les métazoaires et a donc dû subir des contraintes évolutives pour conserver sa séquence. Par contre, le gène *pax4* n'était pas essentiel lors de son apparition, juste après la duplication du gène *pax6*, et a pu diverger rapidement.

Certains domaines d'expression tels le pancréas ont été conservés pour les deux gènes *pax*.

4.2 Les domaines d'expression de pax4 et arx chez le poisson zèbre

Le profil d'expression du gène *pax4* était jusqu'à présent uniquement décrit chez la souris bien que des résultats de RT-PCR obtenus dans des lignées cellulaires β humaines ont montré qu'il était aussi exprimé chez l'homme (Wehr and Gruss, 1996; Sosa-Pineda *et al.*, 1997; Inoue *et al.*, 1998; Matsushita *et al.*, 1998; Mansouri *et al.*, 1999). Notre étude donne des informations supplémentaires sur une espèce non mammalienne : le poisson zèbre, dans lequel le transcript *pax4* est détecté dans le pancréas, tout comme chez la souris (Sosa-Pineda *et al.*, 1997). Néanmoins, le profil d'expression de *pax4* diffère entre la souris et le poisson zèbre sur plusieurs points précis. En effet, au niveau du « timing », *pax4* commence à être exprimé plus tard que *insuline* chez le poisson zèbre (16 hpf vs 12 hpf) alors que chez la souris, *pax4* et *insuline* commence pratiquement à être exprimé au même stade embryonnaire (e9.5 – e10) (Sosa-Pineda *et al.*, 1997; Habener *et al.*, 2005). Concernant son expression, alors qu'il est majoritairement détecté dans les cellules β à la fin de la gestation chez la souris, il n'est jamais exprimé dans ce type cellulaire endocrine chez le poisson zèbre. Par contre, on le détecte majoritairement dans des cellules δ productrices de somatostatine, quelques cellules ε sécrétrices de ghréline et dans les précurseurs endocrines.

Les données sur le profil d'expression du gène *arx* chez la souris, l'humain, le xènope et le poisson zèbre étaient déjà disponibles. Il est particulièrement exprimé dans le système nerveux, les somites et le plancher du tube neural (Miura *et al.*, 1997; Meijlink *et al.*, 1999; Ohira *et al.*, 2002; Collombat *et al.*, 2003; El-Hodiri *et al.*, 2003; Poirier *et al.*, 2004). Dans cette étude, nous montrons qu'en plus de ces domaines d'expression, le transcrit *arx* est aussi détectable dans le pancréas chez le poisson zèbre. Comme chez la souris, *arx* est exprimé dans toutes les cellules α productrices de glucagon chez le poisson zèbre. Cette expression commence à 22hpf. Les domaines d'expression du gène *arx* semblent avoir été bien conservés au cours de l'évolution.

4.3 Fonction de pax4 et arx dans le développement du pancréas endocrine

4.3.1 Pax4 n'est pas requis pour la différenciation des premières cellules β chez le poisson zèbre

Nos expériences de perte de fonction ont montré que la différenciation des premières cellules β issues du bourgeon dorsal ne requiert pas le gène *pax4* chez le poisson zèbre. Il en est de même pour la différenciation des premières cellules δ qui expriment

153

transitoirement ce gène. En effet l'inhibition de *pax4* n'affecte pas le nombre de cellules insuline, ni somatostatine. Le génome du poisson zèbre étant dupliqué, nous avons pensé qu'un second gène *pax4* pouvait exister chez le poisson zèbre et assumerait cette fonction au niveau des cellules β. Ce second gène n'a pas pu être identifié dans le génome séquencé de poisson zèbre. L'efficacité de notre morpholino étant très élevée, nous avons donc conclu que le gène *pax4* de poisson zèbre n'était pas requis pour la différenciation des cellules β et δ issues du bourgeon dorsal. Ce résultat est tout à fait contraire à ce qui est observé chez la souris. Comment expliquer cette différence ? Nous pouvons émettre l'hypothèse que le gène *pax4* n'était probablement pas requis pour le développement des cellules β et δ chez les premiers vertébrés comme les poissons. Son rôle dans la différenciation des cellules β serait apparu plus tard comme par exemple au cours de l'évolution des mammifères. Chez les poissons, un autre facteur pourrait jouer le rôle du facteur Pax4 murin dans la différenciation des cellules β. Ce facteur pourrait être par exemple le gène *mnx1* (chez le poisson zèbre). Ce gène, précédemment appelé *hlxb9*, code pour le facteur de transcription à homéodomaine Hb9 (dalgin et al, 2011). Chez la souris, *Hb9* est exprimé dans les bourgeons pancréatiques dorsal et ventral, cette expression, bien que transitoire dans les bourgeons pancréatiques, est détectée de nouveau après le jour embryonnaire e12.5 dans les cellules β. Le bourgeon dorsal ne se développe pas chez les mutants *Hlxb9-/-* et le pancréas a de petits îlots avec un nombre réduit de cellules β (Harrison *et al.*, 1999; Li *et al.*, 1999). L'expression de *HB9* dans le pancréas endocrine a également été mentionnée chez l'humain et le rat, suggérant ainsi une conservation de la fonction de *Hb9* dans la différenciation endocrine (Hagan *et al.*, 2000; Grapin-Botton *et al.*, 2001). De même, *mnx1* est exprimé transitoirement dans l'endoderme chez le poisson zèbre. Comme chez la souris, son expression est restreinte à partir de 20 hpf aux cellules β. L'inactivation de ce facteur chez le poisson zèbre induit une forte réduction du nombre de cellules β (Wendik *et al.*, 2004). Récemment, l'équipe de Prince a encore analysé en détail le phénotype des morphants *mnx1* chez le poisson zèbre. Comme attendu, les auteurs ont observé une forte réduction du nombre de cellules β chez les morphants *mnx1*. Curieusement, cette réduction des cellules β était accompagnée d'une augmentation du nombre de cellules α ainsi que du transcrit *arx*. Ils ont pu également démontrer qu'en absence d'activité *mnx1*, les cellules endocrines α sont générées à la place des cellules β (Dalgin *et al.*, 2011). La fonction exercée par le gène *mnx1* chez le poisson zèbre est donc similaire à celle du gène *Pax4* chez la souris : les deux gènes sont requis pour la différenciation des cellules β aux dépens des cellules α, et ces facteurs répriment tous deux *arx*. Le gène *mnx1* pourrait être l'équivalent fonctionnel de *Pax4* chez les poissons. Le « knockdown » de *mnx1* chez le poisson zèbre provoque une forte réduction de cellules β mais pas une disparition complète. Il serait donc intéressant de déterminer si le double « knockdown » de *mnx1* et *pax4* provoque une disparition complète des cellules β. Ceci pourrait montrer que les deux facteurs à homéodomaine se complémentent. De même qu'il serait aussi intéressant de vérifier la relation existant entre *pax4* et *mnx1* chez le poisson zèbre car, chez les souris, l'inactivation de Pax4 empêche l'expression de HB9 dans les précurseurs de cellules β indiquant que l'action de Pax4 sur les cellules β pourrait se faire *via* l'induction de HB9 (Wang *et al.*, 2004).

4.3.2 *Pax4* module le nombre de cellules α et ε

Chez les souris inactivées pour le gène *Pax4*, la perte des cellules β et δ est compensée par une augmentation proportionnelle du nombre de cellules α (Sosa-Pineda *et al.*, 1997). De plus, une accumulation du transcrit *Arx* a été observée chez les souris *Pax4-/-*. L'augmentation du nombre de cellules α est due au fait que *Pax4* réprime l'expression de *Arx* qui est requis pour la différenciation des cellules α (Collombat *et al.*, 2003; Collombat *et al.*, 2005). Chez le poisson zèbre, le « knockdown » de *pax4* entraine également une augmentation des cellules à glucagon et du transcrit *arx* et l'antagonisme entre les deux gènes est également observé chez ce poisson (voir plus bas). L'augmentation des cellules α observée chez les poissons zèbres inactivés pour le gène *pax4* est tout simplement due à une augmentation du facteur *arx* consécutif à une levée d'inhibition de *pax4* sur *arx*. Cependant, contrairement aux résultats obtenus chez la souris, le « knockdown » de *pax4* ou le double « knockdown » *pax4/arx* n'altèrent pas les cellules β, ni δ. Ces résultats montrent clairement que le rôle de *pax4* chez le poisson zèbre est de moduler le nombre de cellules α à travers la régulation du facteur de transcription Arx. Ce facteur n'a pas d'influence apparente sur les premières cellules β et δ dérivant du bourgeon dorsal.

Nos résultats ont également montré que *pax4* module aussi le nombre de cellules ε productrices de ghréline. Il a été montré que *pax4* agissait comme un répresseur transcriptionnel (Fujitani *et al.*, 1999; Smith *et al.*, 1999), et qu'il réprime l'expression de la ghréline (Prado *et al.*, 2004; Heller *et al.*, 2005; Wang *et al.*, 2008). Le facteur Pax4 de poisson zèbre pourrait donc avoir le même rôle. Le gène *arx* étant également exprimé dans les cellules ε, on peut aussi penser que cette répression pourrait se faire à travers ce gène *arx*. Prado et al. avaient déjà rapporté une augmentation du nombre de cellules ε dans les mutants *Pax4-/-* due à une augmentation du nombre de cellules glucagon+/ghréline+ (Prado *et al.*, 2004). Cette hypothèse peut également s'appliquer à notre situation car nous avons observé dans les morphants *pax4* une augmentation du nombre de cellule co-exprimant le *glucagon* et la *ghréline*.

4.3.3 La fonction endocrine d'arx a été maintenue au cours de l'évolution des vertébrés

Contrairement à *pax4*, l'expression pancréatique et la fonction du gène *arx* semblent avoir été maintenues au cours de l'évolution des vertébrés. En effet, ce gène exprimé dans toutes les cellules α est aussi nécessaire pour leur différenciation. Chez la souris, *Arx* est exprimé uniquement dans les cellules α de la deuxième transition qui se produit après e12 et les souris invalidées pour le gène *Arx* génèrent les premières cellules glucagon positives visibles à partir de e9.5 mais pas les cellules α de la deuxième transition (Collombat *et al.*, 2003). Chez le poisson zèbre, les premières cellules à glucagon expriment *arx* et la perte de ce facteur entraine une perte complète de ces cellules α. Deux vagues successives de différenciation endocrine se produisent également chez le poisson zèbre. La première commence à 15 hpf et se fait à partir du

157

bourgeon dorsal et la seconde qui dépend du bourgeon ventral commence au environ de 48 hpf. Cependant, comme les première cellules α sont perdues dans les morphants *arx*, on peut penser que les deux vagues de différenciation endocrine observées dans les embryons de souris et de poisson zèbre ne sont pas homologues comme il a été proposé par certains auteurs (Hesselson *et al.*, 2009; Parsons *et al.*, 2009). Toutes les cellules α du poisson zèbre sont *arx*-dépendantes.

4.4 Antagonisme mutuel Pax et Arx

Nos résultats ont montré que les protéines Pax4 et Arx inhibent mutuellement la transcription de l'un ou de l'autre chez le poisson zèbre. En effet, l'inactivation d'*arx* entraine une augmentation de l'expression pancréatique de *pax4*. De même que le « knockdown » de *pax4* induit une « uprégulation » du transcrit *arx* dans le pancréas. En outre, les deux facteurs colocalisent aux stades précoces de développement et très peu de cellules exprimant les deux transcrits sont détectables à partir de 24 hpf, suggérant qu'ils ne peuvent être co-exprimés seulement dans les premiers stades de la différenciation endocrine. Des résultats similaires ont été obtenus chez la souris. Collombat et *al.* ont par la suite montré que cette inhibition se faisait à travers une interaction directe sur une région régulatrice, chaque protéine étant capable de se lier sur un site de l'autre gène pour inhiber sa transcription (Collombat *et al.*, 2003; Collombat *et al.*, 2005). Une comparaison de la séquence du locus *arx* de souris, de l'humain, de rat et de poisson zèbre a permis de mettre en évidence un site de liaison hautement conservé au niveau de la région 3' où pouvait se fixer spécifiquement la protéine Pax4 (P4BS) (figure 45A). La même observation a été faite avec le locus *pax4* où un site de liaison pour Arx (ArBS) (figure 45B) a été trouvé au niveau de la région hautement conservée de 0,9kb du gène *pax4* (Brink *et al.*, 2001). La protéine Arx se lie à ce site et inhibe la transcription de *pax4* (Collombat *et al.*, 2005). Bien que *pax4* n'ait pas de fonction sur la différenciation de cellules β chez le poisson zèbre, l'antagonisme *pax4/arx* se serait mis en place très tôt au cours de l'évolution.

Chez les vertébrés inférieurs comme le poisson, Arx et Pax4 sont initialement synthétisés dans les cellules précurseurs des cellules endocrines au cours du développement embryonnaire. L'antagonisme entre les deux facteurs serait nécessaire à la spécification des sous-types cellulaires endocrines principalement α et ε. *Arx* serait requis pour la différenciation des cellules α et *pax4* de son côté modulerait le nombre de ces cellules α, mais aussi des cellules ε.

159

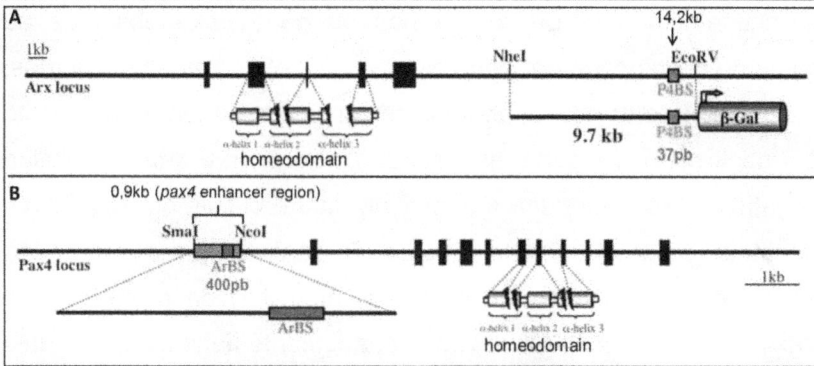

Figure 45 : Sites de liaison de Pax4 sur le locus *arx* (A) et de la protéine Arx sur le locus *pax4* (P4BS : Pax4 binding site ; ArBS : Arx binding site) (Brink *et al.*, 2001; Collombat *et al.*, 2005).

4.5 Les protéines Pax4 et Arx répriment l'expression de leurs gènes

Un des aspects intéressant de notre étude est l'autorégulation négative des facteurs Pax4 et Arx sur leur propre expression. En effet, le « knockdown » de *pax4* conduit à une augmentation du nombre de cellules pancréatiques exprimant à un haut niveau le transcrit non fonctionnel et mal épissé *pax4*. De même, l'inhibition du gène *arx* provoque une augmentation frappante du niveau de transcrits *arx* dans tous les tissus exprimant ce gène, sauf dans le pancréas. Le phénomène d'autorégulation négative est une caractéristique commune dans de nombreux organismes permettant à un répresseur d'atteindre rapidement un état d'équilibre dans leur niveau d'expression. Ce mécanisme prévient un excès d'expression du gène répresseur (Danilov *et al.*, 1998). Un modèle similaire de régulation pourrait entrainer une activation rapide suivie d'une extinction ultérieure de l'expression du gène *pax4* observée au cours du développement pancréatique. Toutefois, dans le pancréas, les niveaux de transcrits *arx* ont été considérablement réduits suite à l'inactivation du gène *arx*, ce qui indique que l'autorégulation négative a été contrecarrée par un autre circuit de régulation. Sachant que *pax4* contrôle l'expression pancréatique du gène *arx*, Nous avons démontré que cela était dû à l'action répressive de Pax4 dont le niveau d'expression est augmenté dans les morphants *arx*. En effet, l'inhibition simultanée des gènes *pax4* et *arx* a entrainé une ré-augmentation du transcrit *arx* pancréatique.

Il est important de mentionner que, alors que les deux gènes *pax4* et *arx* sont des régulateurs négatifs de l'un et de l'autre, mais aussi de leur propre gène, la transcription des deux gènes est régulée de manière opposée après leur « knockdown » respectif. En effet, la perte de l'activité de Pax4 conduit à une « uprégulation » de l'expression du transcrit *pax4* tandis que la perte de l'activité de Arx provoque une « downrégulation » de l'expression du transcrit *arx* dans le pancréas. Comment expliquer un tel comportement opposé alors que les circuits de régulation sont identiques pour les deux gènes (voir figure 46). On pourrait trouver une explication possible au niveau du « timing » d'expression pancréatique des deux gènes. En effet, l'expression de *pax4* débutant à 16 hpf bien avant l'apparition de l'expression du gène *arx* à environ 22 hpf, le blocage de l'autorépression de *pax4* entre 16 hpf et 22 hpf ne peut pas être influencé par l'action d'Arx et cela conduit à une augmentation rapide de l'expression de *pax4*. En revanche, le « knockdown » de l'activité d'Arx va entrainer une augmentation de l'expression de *pax4* suite à la levée de l'inhibition entre les deux facteurs. Pax4 ainsi augmenté, réprime alors l'expression du gène *arx*, et contrecarre immédiatement l'autorépression pancréatique du gène *arx*. L'autorégulation négative du gène *pax4* humain a déjà été reportée dans des expériences *in vitro*. Pour vérifier si le promoteur *pax4* était autorégulé, les auteurs ont co-transfecté un plasmide rapporteur contenant le promoteur *Pax4* avec un vecteur plasmidique exprimant la protéine PAX4. Ils ont ainsi pu montrer que la protéine PAX4 réprime l'activité du promoteur avec un effet beaucoup plus marqué sur la lignée cellulaire α (Smith *et al.*, 2000). Ainsi, il est possible que l'autorégulation que nous avons détectée pour les gènes *pax4* et *arx* de poisson zèbre puisse exister dans de nombreux vertébrés tels que l'homme.

4.6 Modèle de régulation pax4-arx chez le poisson zèbre et la souris

En conclusion, nos résultats nous permettent de construire le modèle représenté dans la figure 46. Il en ressort que le gène *arx* est requis chez le poisson zèbre pour la différenciation des cellules α. La fonction pancréatique du gène *arx* a été donc conservée entre la souris et le poisson zèbre suggérant qu'elle serait apparue très tôt dans l'évolution des vertébrés. En revanche, *pax4* qui est indispensable pour le développement des cellules β et δ chez la souris ne semble pas requis pour la différenciation de ces types cellulaires chez le poisson zèbre, mais module le niveau du facteur de transcription Arx, et contrôlerait ainsi le nombre de cellules α. Nos résultats mettent en évidence l'antagonisme mutuel existant entre les deux gènes, mais aussi montrent que Arx, tout comme Pax4, contrôle négativement la transcription de leur gène.

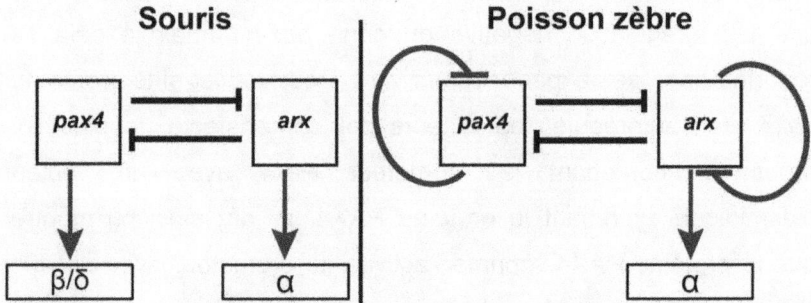

Figure 46 : Comparaison de la fonction et de la régulation des gènes *pax4* et *arx* chez le poisson zèbre. Contrairement à ce qui a été montré chez la souris, le gène *pax4* chez le poisson zèbre ne semble pas nécessaire pour la différenciation des cellules β/δ alors que *arx* quant à lui a gardé sa fonction au niveau des cellules α chez les deux espèces. Les protéines Pax4 et Arx répriment mutuellement la transcription de leur gène.

4.7 Destin des cellules pax4 et arx après « knockdown »

Un des points intéressant de notre étude est l'accumulation des transcrits *arx* et *pax4* mal épissés dans les noyaux des cellules après « knockdown ». Le mécanisme d'exportation des ARNm est très spécifique et requiert la formation de complexe de l'ARNm avec les séquences d'adressage localisées sur les pores nucléaires. Ces mécanismes sont conservés de la levure à l'homme (Vinciguerra and Stutz, 2004). La dégradation de l'ARNm (non-sense mediated decay, non-sense associated alternative splicing) ou son maintien dans les noyaux suite à une conservation de l'intron dans l'ARNm (rétention intronique) font partie de ce que l'on appelle le contrôle de qualité des ARNm (Bensaude, 2003). C'est un processus qui permet d'éviter la synthèse de protéines tronquées capables de former des agrégats et/ou d'agir comme des mutants dominants négatifs des protéines normales (Culbertson, 1999). Le groupe de Nehrbass a montré que chez la levure, la protéine Mlp1 participe à l'étape du contrôle de qualité des ARNm empêchant ainsi l'exportation des ARNm contenant un intron dans le transcrit (Galy *et al.*, 2004). La maturation correcte dépend de la présence de la coiffe et de l'épissage et les ARNm non matures ne sont pas exportés dans le cytoplasme.

Cette accumulation nucléaire des transcrits est un moyen facile de vérifier l'efficacité du « knockdown » par injection de morpholino bloquant l'épissage. Elle permet également d'identifier les cellules qui auraient dû exprimer le facteur étudié et donc de déterminer si ces cellules changent de destin. Cette stratégie nous a permis de constater que les cellules exprimant le transcrit *pax4* mal épissé après « knockdown » correspondaient aux cellules δ, ε et les précurseurs endocrines comme dans les embryons contrôles. En revanche, alors que le transcrit *pax4* n'est pas très souvent détecté dans les cellules α des embryons sauvages, quelques cellules α expriment le transcrit *pax4* mal épissé dans les morphants *pax4*. Les transcrit *pax4* n'est jamais détecté dans les cellules β aussi bien dans les embryons contrôles que dans les morphants *pax4*. Ceci renforce une fois de plus notre conclusion de la « non implication » de *pax4* dans la différenciation des cellules β. L'analyse des doubles morphants *pax4/arx* n'a pas indiqué un changement de destin des cellules exprimant le gène *arx* aussi bien au niveau du pancréas que des somites. Ces observations sont contraires à ce qui a été rapporté chez la souris à savoir un « switch » des cellules α en cellules β ou δ dans les souris inactivées pour *Arx* (Collombat *et al.*, 2003). Ce résultat pourrait s'expliquer par le fait que Pax4 n'est pas absolument nécessaire chez le poisson zèbre pour l'instruction des précurseurs endocrines vers le destin cellulaire β/δ. En effet, si Pax4 était suffisant pour spécifier le destin des cellules β/δ comme chez la souris, l'augmentation du nombre de cellules Pax4 positives dans les morphants *arx* aurait dû induire aussi une augmentation du nombre de cellules β.

4.8 Rôle de pax4 dans la génération des cellules endocrines secondaires

Nous avons finalement déterminé si le gène *pax4* est exprimé dans les cellules de la seconde vague de différenciation endocrine chez le poisson zèbre.et quelle est sa fonction sur l'apparition des cellules d'îlots endocrines tardives. Nos résultats montrent que l'inhibition de la voie Notch entraine une réactivation de l'expression de *pax4* dans certaines cellules du pancréas. Actuellement, il n'existerait pas de données dans la littérature concernant la réactivation du gène *pax4* suite à l'inhibition de la voie Notch. Il est connu que cette voie de signalisation maintient les progéniteurs dans un état indifférencié et que l'inhibition de cette voie induit la différenciation prématurée des progéniteurs pancréatiques en cellules endocrines (Apelqvist *et al.*, 1999; Jensen *et al.*, 2000; Esni *et al.*, 2004; Zecchin *et al.*, 2007)). Dans notre cas, ceux-ci commencent alors à exprimer certains

165

marqueurs tels que Pax4. En effet, ceci est suggéré par la disposition des cellules *pax4* positives en une structure ressemblant aux canaux intra-pancréatiques qui sont connus pour contenir des progéniteurs pancréatiques endocrines chez le poisson zèbre (Parsons *et al.*, 2009; Wang *et al.*, 2011).

Par la suite, nous avons montré que *pax4* était requis tardivement pour la formation de ces cellules endocrines secondaires lorsque la voie Notch est inhibée. En effet, le « knockdown » de *pax4* réduit fortement la formation des cellules endocrines secondaires le long des canaux intra-pancréatiques en présence de DAPT. Ce résultat est extrêmement intéressant mais il faudrait néanmoins vérifier que cet effet n'est pas dû à un artefact lié à l'injection des morpholinos *pax4*. Même si nous n'avons pas vu d'anomalie morphologique au niveau des canaux intra-pancréatiques avec le marqueur 2F11, les progéniteurs pancréatiques localisés dans ces canaux pourraient être légèrement affectés de manière non spécifique par le morpholino *pax4*, ce qui conduirait à générer moins efficacement les cellules endocrines secondaires. Nos résultats devront donc être confirmés dans le futur, idéalement par l'analyse d'un mutant *pax4*.

Par ailleurs, nous avons également montré que le « knockdown » de *pax4* provoque la formation d'un amas de cellules endocrines *pax6*+ près du canal extra-pancréatique. Ces résultats semblent à première vue contradictoires avec l'observation précédente de l'inhibition de la différenciation endocrine le long des canaux intra-pancréatiques. Le canal extra-pancréatique est la source des toutes premières cellules endocrines secondaires vers 3 dpf (Dong *et al.*, 2007). Une étude récente a montré qu'une fois formées, ces cellules endocrines migrent pour rejoindre l'îlot endocrine principal (Kimmel *et al.*, 2011), contrairement aux cellules secondaires originaires des canaux intra-pancréatiques qui forment des îlots annexes. Ces cellules restent donc transitoirement associées au canal extra-pancréatique. Une hypothèse pour expliquer nos résultats serait que *pax4* interfère avec la migration des cellules endocrines naissant dans le canal extra-pancréatique, formant ainsi un amas entre l'îlot principal et le canal extra-pancréatique. Une expérience de « time-lapse » sur des embryons transgéniques Tg*(Pax6b:*GFP*)* pourrait donc être réalisée pour suivre la migration de ces cellules endocrines et ainsi vérifier cette hypothèse

BIBLIOGRAPHIE

Ables, J. L., J. J. Breunig, A. J. Eisch and P. Rakic (2011). "Not(ch) just development: Notch signalling in the adult brain." Nat Rev Neurosci 12(5): 269-283.

ADA (2003). "Report of the expert committee on the diagnosis and classification of diabetes mellitus." Diabetes Care 26 Suppl 1: S5-20.

ADA (2005). "Clinical Practice Recommendations 2005." Diabetes Care 28 Suppl 1: S1-79.

Adeghate, E. and A. S. Ponery (2002). "Ghrelin stimulates insulin secretion from the pancreas of normal and diabetic rats." J Neuroendocrinol 14(7): 555-560.

Ahlgren, U., J. Jonsson and H. Edlund (1996). "The morphogenesis of the pancreatic mesenchyme is uncoupled from that of the pancreatic epithelium in IPF1/PDX1-deficient mice." development 122(5): 1409-1416.

Ahlgren, U., S. L. Pfaff, T. M. Jessell, T. Edlund and H. Edlund (1997). "Independent requirement for ISL1 in formation of pancreatic mesenchyme and islet cells." Nature 385(6613): 257-260.

Apelqvist, A., H. Li, L. Sommer, P. Beatus, D. J. Anderson, T. Honjo, M. Hrabe de Angelis, U. Lendahl and H. Edlund (1999). "Notch signalling controls pancreatic cell differentiation." Nature 400(6747): 877-881.

Argenton, F., E. Zecchin and M. Bortolussi (1999). "Early appearance of pancreatic hormone-expressing cells in the zebrafish embryo." Mech Dev **87**(1-2): 217-221.

Ashery-Padan, R., X. Zhou, T. Marquardt, P. Herrera, L. Toube, A. Berry and P. Gruss (2004). "Conditional inactivation of Pax6 in the pancreas causes early onset of diabetes." Dev Biol **269**(2): 479-488.

Atkinson, M. A. and G. S. Eisenbarth (2001). "Type 1 diabetes: new perspectives on disease pathogenesis and treatment." Lancet **358**(9277): 221-229.

Barr, F. G. (1997). "Chromosomal translocations involving paired box transcription factors in human cancer." Int J Biochem Cell Biol **29**(12): 1449-1461.

Begemann, G., T. F. Schilling, G. J. Rauch, R. Geisler and P. W. Ingham (2001). "The zebrafish neckless mutation reveals a requirement for raldh2 in mesodermal signals that pattern the hindbrain." development **128**(16): 3081-3094.

Bell, G. I. and K. S. Polonsky (2001). "Diabetes mellitus and genetically programmed defects in beta-cell function." Nature **414**(6865): 788-791.

Bennett, S. T. and J. A. Todd (1996). "Human type 1 diabetes and the insulin gene: principles of mapping polygenes." Annu Rev Genet **30**: 343-370.

Bensaude, O. (2003). "[Protein synthesis starts in the nucleus]." Med Sci (Paris) **19**(8-9): 775-778.

Beverdam, A. and F. Meijlink (2001). "Expression patterns of group-I aristaless-related genes during craniofacial and limb development." Mech Dev **107**(1-2): 163-167.

Biason-Lauber, A., B. Boehm, M. Lang-Muritano, B. R. Gauthier, T. Brun, C. B. Wollheim and E. J. Schoenle (2005). "Association of childhood type 1 diabetes mellitus with a variant of PAX4: possible link to beta cell regenerative capacity." Diabetologia **48**(5): 900-905.

Biemar, F., F. Argenton, R. Schmidtke, S. Epperlein, B. Peers and W. Driever (2001). "Pancreas development in zebrafish: early dispersed appearance of endocrine hormone expressing cells and their convergence to form the definitive islet." Dev Biol **230**(2): 189-203.

Billuart, P., J. Chelly and S. Gilgenkrantz (2005). "[X-linked mental retardation]." Med Sci (Paris) **21**(11): 947-953.

Binot, A. C., I. Manfroid, L. Flasse, M. Winandy, P. Motte, J. A. Martial, B. Peers and M. L. Voz (2010, in press). "Nkx6.1 and nkx6.2 regulate alpha- and beta-cell formation in zebrafish by acting on pancreatic endocrine progenitor cells." Dev Biol.

Bonner-Weir, S. and G. C. Weir (2005). "New sources of pancreatic beta-cells." Nat Biotechnol **23**(7): 857-861.

Bopp, D., M. Burri, S. Baumgartner, G. Frigerio and M. Noll (1986). "Conservation of a large protein domain in the segmentation gene paired and in functionally related genes of Drosophila." Cell **47**(6): 1033-1040.

Bopp, D., E. Jamet, S. Baumgartner, M. Burri and M. Noll (1989). "Isolation of two tissue-specific Drosophila paired box genes, Pox meso and Pox neuro." Embo J **8**(11): 3447-3457.

Borowiak, M. and D. A. Melton (2009). "How to make beta cells?" Curr Opin Cell Biol **21**(6): 727-732.

Brennand, K., D. Huangfu and D. Melton (2007). "All beta cells contribute equally to islet growth and maintenance." PLoS Biol **5**(7): e163.

Brink, C., K. Chowdhury and P. Gruss (2001). "Pax4 regulatory elements mediate beta cell specific expression in the pancreas." Mech Dev **100**(1): 37-43.

Broglio, F., C. Gottero, A. Benso, F. Prodam, S. Destefanis, C. Gauna, M. Maccario, R. Deghenghi, A. J. van der Lely and E. Ghigo (2003). "Effects of ghrelin on the insulin and glycemic responses to glucose, arginine, or free fatty acids load in humans." J Clin Endocrinol Metab **88**(9): 4268-4272.

Brun, T., D. L. Duhamel, K. H. Hu He, C. B. Wollheim and B. R. Gauthier (2007). "The transcription factor PAX4 acts as a survival gene in INS-1E insulinoma cells." Oncogene **26**(29): 4261-4271.

Brun, T., I. Franklin, L. St-Onge, A. Biason-Lauber, E. J. Schoenle, C. B. Wollheim and B. R. Gauthier (2004). "The diabetes-linked transcription factor PAX4 promotes {beta}-cell proliferation and survival in rat and human islets." J Cell Biol **167**(6): 1123-1135.

Brun, T. and B. R. Gauthier (2008). "A focus on the role of Pax4 in mature pancreatic islet beta-cell expansion and survival in health and disease." J Mol Endocrinol **40**(2): 37-45.

Brun, T., K. H. Hu He, R. Lupi, B. Boehm, A. Wojtusciszyn, N. Sauter, M. Donath, P. Marchetti, K. Maedler and B. R. Gauthier (2008). "The diabetes-linked transcription factor Pax4 is expressed in human pancreatic islets and is activated by mitogens and GLP-1." Hum Mol Genet **17**(4): 478-489.

Buckingham, M. and F. Relaix (2007). "The role of Pax genes in the development of tissues and organs: Pax3 and Pax7 regulate muscle progenitor cell functions." Annu Rev Cell Dev Biol **23**: 645-673.

Butler, P. C., J. J. Meier, A. E. Butler and A. Bhushan (2007). "The replication of beta cells in normal physiology, in disease and for therapy." Nat Clin Pract Endocrinol Metab **3**(11): 758-768.

Buzzetti, R., C. C. Quattrocchi and L. Nistico (1998). "Dissecting the genetics of type 1 diabetes: relevance for familial clustering and differences in incidence." Diabetes Metab Rev **14**(2): 111-128.

Chakrabarti, S. K. and R. G. Mirmira (2003). "Transcription factors direct the development and function of pancreatic beta cells." Trends Endocrinol Metab **14**(2): 78-84.

Chi, N. and J. A. Epstein (2002). "Getting your Pax straight: Pax proteins in development and disease." Trends Genet **18**(1): 41-47.

Chung, W. S., C. H. Shin and D. Y. Stainier (2008). "Bmp2 signaling regulates the hepatic versus pancreatic fate decision." Dev Cell **15**(5): 738-748.

Chung, W. S. and D. Y. Stainier (2008). "Intra-endodermal interactions are required for pancreatic beta cell induction." Dev Cell **14**(4): 582-593.

Collombat, P., J. Hecksher-Sorensen, V. Broccoli, J. Krull, I. Ponte, T. Mundiger, J. Smith, P. Gruss, P. Serup and A. Mansouri (2005). "The simultaneous loss of Arx and Pax4 genes promotes a somatostatin-producing cell fate specification at the expense of the alpha- and beta-cell lineages in the mouse endocrine pancreas." development **132**(13): 2969-2980.

Collombat, P., J. Hecksher-Sorensen, J. Krull, J. Berger, D. Riedel, P. L. Herrera, P. Serup and A. Mansouri (2007). "Embryonic endocrine pancreas and mature beta cells acquire alpha and PP cell phenotypes upon Arx misexpression." J Clin Invest **117**(4): 961-970.

Collombat, P., J. Hecksher-Sorensen, P. Serup and A. Mansouri (2006). "Specifying pancreatic endocrine cell fates." Mech Dev **123**(7): 501-512.

Collombat, P. and A. Mansouri (2009). "[Pax4 transdifferentiates glucagon-secreting alpha cells to insulin-secreting beta endocrine pancreatic cells]." Med Sci (Paris) **25**(8-9): 763-765.

Collombat, P., A. Mansouri, J. Hecksher-Sorensen, P. Serup, J. Krull, G. Gradwohl and P. Gruss (2003). "Opposing actions of Arx and Pax4 in endocrine pancreas development." Genes Dev **17**(20): 2591-2603.

Collombat, P., X. Xu, P. Ravassard, B. Sosa-Pineda, S. Dussaud, N. Billestrup, O. D. Madsen, P. Serup, H. Heimberg and A. Mansouri (2009). "The ectopic expression of Pax4 in the mouse pancreas converts progenitor cells into alpha and subsequently beta cells." Cell **138**(3): 449-462.

Cote, S., A. Preiss, J. Haller, R. Schuh, A. Kienlin, E. Seifert and H. Jackle (1987). "The gooseberry-zipper region of Drosophila: five genes encode different spatially restricted transcripts in the embryo." Embo J **6**(9): 2793-2801.

Courtney, M., A. Pfeifer, K. Al-Hasani, E. Gjernes, A. Vieira, N. Ben-Othman and P. Collombat (2011). "In vivo conversion of adult alpha-cells into beta-like cells: a new research avenue in the context of type 1 diabetes." Diabetes Obes Metab **13 Suppl 1**: 47-52.

Culbertson, M. R. (1999). "RNA surveillance. Unforeseen consequences for gene expression, inherited genetic disorders and cancer." Trends Genet **15**(2): 74-80.

Cummings, D. E. (2006). "Ghrelin and the short- and long-term regulation of appetite and body weight." Physiol Behav **89**(1): 71-84.

D'Amour, K. A., A. G. Bang, S. Eliazer, O. G. Kelly, A. D. Agulnick, N. G. Smart, M. A. Moorman, E. Kroon, M. K. Carpenter and E. E. Baetge (2006). "Production of pancreatic hormone-expressing endocrine cells from human embryonic stem cells." Nat Biotechnol **24**(11): 1392-1401.

Dahl, E., H. Koseki and R. Balling (1997). "Pax genes and organogenesis." Bioessays **19**(9): 755-765.

Dalgin, G., A. B. Ward, T. Hao le, C. E. Beattie, A. Nechiporuk and V. E. Prince (2011). "Zebrafish mnx1 controls cell fate choice in the developing endocrine pancreas." development **138**(21): 4597-4608.

Daneman, D. (2006). "Type 1 diabetes." Lancet **367**(9513): 847-858.

174

Danilov, V., M. Blum, A. Schweickert, M. Campione and H. Steinbeisser (1998). "Negative autoregulation of the organizer-specific homeobox gene goosecoid." J Biol Chem **273**(1): 627-635.

Date, Y., M. Nakazato, S. Hashiguchi, K. Dezaki, M. S. Mondal, H. Hosoda, M. Kojima, K. Kangawa, T. Arima, H. Matsuo, T. Yada and S. Matsukura (2002). "Ghrelin is present in pancreatic alpha-cells of humans and rats and stimulates insulin secretion." Diabetes **51**(1): 124-129.

Delporte, F. M., V. Pasque, N. Devos, I. Manfroid, M. L. Voz, P. Motte, F. Biemar, J. A. Martial and B. Peers (2008). "Expression of zebrafish pax6b in pancreas is regulated by two enhancers containing highly conserved cis-elements bound by PDX1, PBX and PREP factors." BMC Dev Biol **8**: 53.

Desgraz, R., C. Bonal and P. L. Herrera (2011). "beta-cell regeneration: the pancreatic intrinsic faculty." Trends Endocrinol Metab **22**(1): 34-43.

Deutsch, U., G. R. Dressler and P. Gruss (1988). "Pax 1, a member of a paired box homologous murine gene family, is expressed in segmented structures during development." Cell **53**(4): 617-625.

Docherty, K. (2001). "Growth and development of the islets of Langerhans: implications for the treatment of diabetes mellitus." Curr Opin Pharmacol **1**(6): 641-650.

Dohrmann, C., P. Gruss and L. Lemaire (2000). "Pax genes and the differentiation of hormone-producing endocrine cells in the pancreas." Mech Dev **92**(1): 47-54.

Dominguez-Bendala, J., D. Klein, M. Ribeiro, C. Ricordi, L. Inverardi, R. Pastori and H. Edlund (2005). "TAT-mediated neurogenin 3 protein transduction stimulates pancreatic endocrine differentiation in vitro." Diabetes **54**(3): 720-726.

Dong, P. D., C. A. Munson, W. Norton, C. Crosnier, X. Pan, Z. Gong, C. J. Neumann and D. Y. Stainier (2007). "Fgf10 regulates hepatopancreatic ductal system patterning and differentiation." Nat Genet **39**(3): 397-402.

Dong, P. D., E. Provost, S. D. Leach and D. Y. Stainier (2008). "Graded levels of Ptf1a differentially regulate endocrine and exocrine fates in the developing pancreas." Genes Dev **22**(11): 1445-1450.

Dor, Y., J. Brown, O. I. Martinez and D. A. Melton (2004). "Adult pancreatic beta-cells are formed by self-duplication rather than stem-cell differentiation." Nature **429**(6987): 41-46.

Driever, W., L. Solnica-Krezel, A. F. Schier, S. C. Neuhauss, J. Malicki, D. L. Stemple, D. Y. Stainier, F. Zwartkruis, S. Abdelilah, Z. Rangini, J. Belak and C. Boggs (1996). "A genetic screen for mutations affecting embryogenesis in zebrafish." development **123**: 37-46.

Du, A., C. S. Hunter, J. Murray, D. Noble, C. L. Cai, S. M. Evans, R. Stein and C. L. May (2009). "Islet-1 is required for the maturation, proliferation, and survival of the endocrine pancreas." Diabetes **58**(9): 2059-2069.

Eberhard, D., G. Jimenez, B. Heavey and M. Busslinger (2000). "Transcriptional repression by Pax5 (BSAP) through interaction with corepressors of the Groucho family." Embo J **19**(10): 2292-2303.

Eccles, M. R., S. He, M. Legge, R. Kumar, J. Fox, C. Zhou, M. French and R. W. Tsai (2002). "PAX genes in development and disease: the role of PAX2 in urogenital tract development." Int J Dev Biol **46**(4): 535-544.

Edlund, H. (1998). "Transcribing pancreas." Diabetes **47**(12): 1817-1823.

Edlund, H. (2001). "Factors controlling pancreatic cell differentiation and function." Diabetologia **44**(9): 1071-1079.

Edlund, H. (2002). "Pancreatic organogenesis--developmental mechanisms and implications for therapy." Nat Rev Genet **3**(7): 524-532.

Ehtisham, S., A. T. Hattersley, D. B. Dunger and T. G. Barrett (2004). "First UK survey of paediatric type 2 diabetes and MODY." Arch Dis Child **89**(6): 526-529.

Ekeblad, S. (2010). "Islet cell tumours." Adv Exp Med Biol **654**: 771-789.

El-Hodiri, H. M., X. L. Qi and D. W. Seufert (2003). "The Xenopus arx gene is expressed in the developing rostral forebrain." Dev Genes Evol **212**(12): 608-612.

Esni, F., B. Ghosh, A. V. Biankin, J. W. Lin, M. A. Albert, X. Yu, R. J. MacDonald, C. I. Civin, F. X. Real, M. A. Pack, D. W. Ball and S. D. Leach (2004). "Notch inhibits Ptf1 function and acinar cell differentiation in developing mouse and zebrafish pancreas." development **131**(17): 4213-4224.

Field, H. A., P. D. Dong, D. Beis and D. Y. Stainier (2003). "Formation of the digestive system in zebrafish. II. Pancreas morphogenesis." Dev Biol **261**(1): 197-208.

Filippi, C. M. and M. G. von Herrath (2008). "Viral trigger for type 1 diabetes: pros and cons." Diabetes **57**(11): 2863-2871.

Friocourt, G., K. Poirier, S. Rakic, J. G. Parnavelas and J. Chelly (2006). "The role of ARX in cortical development." Eur J Neurosci **23**(4): 869-876.

Fujitani, Y., Y. Kajimoto, T. Yasuda, T. A. Matsuoka, H. Kaneto, Y. Umayahara, N. Fujita, H. Watada, J. I. Miyazaki, Y. Yamasaki and M. Hori (1999). "Identification of a portable repression domain and an E1A-responsive activation domain in Pax4: a possible role of Pax4 as a transcriptional repressor in the pancreas." Mol Cell Biol **19**(12): 8281-8291.

Fullston, T., M. Finnis, A. Hackett, B. Hodgson, L. Brueton, G. Baynam, A. Norman, O. Reish, C. Shoubridge and J. Gecz (2011). "Screening and cell-based assessment of mutations in the Aristaless-related homeobox (ARX) gene." Clin Genet **80**(6): 510-522.

Galy, V., O. Gadal, M. Fromont-Racine, A. Romano, A. Jacquier and U. Nehrbass (2004). "Nuclear retention of unspliced mRNAs in yeast is mediated by perinuclear Mlp1." Cell **116**(1): 63-73.

Gecz, J., D. Cloosterman and M. Partington (2006). "ARX: a gene for all seasons." Curr Opin Genet Dev **16**(3): 308-316.

Gittes, G. K. (2009). "Developmental biology of the pancreas: a comprehensive review." Dev Biol **326**(1): 4-35.

Gold, E. B. and S. B. Goldin (1998). "Epidemiology of and risk factors for pancreatic cancer." Surg Oncol Clin N Am **7**(1): 67-91.

Gradwohl, G., A. Dierich, M. LeMeur and F. Guillemot (2000). "neurogenin3 is required for the development of the four endocrine cell lineages of the pancreas." Proc Natl Acad Sci U S A **97**(4): 1607-1611.

Grapin-Botton, A., A. R. Majithia and D. A. Melton (2001). "Key events of pancreas formation are triggered in gut endoderm by ectopic expression of pancreatic regulatory genes." Genes Dev **15**(4): 444-454.

Greenwood, A. L., S. Li, K. Jones and D. A. Melton (2007). "Notch signaling reveals developmental plasticity of Pax4(+) pancreatic endocrine progenitors and shunts them to a duct fate." Mech Dev **124**(2): 97-107.

Gu, G., J. R. Brown and D. A. Melton (2003). "Direct lineage tracing reveals the ontogeny of pancreatic cell fates during mouse embryogenesis." Mech Dev **120**(1): 35-43.

Gu, G., J. Dubauskaite and D. A. Melton (2002). "Direct evidence for the pancreatic lineage: NGN3+ cells are islet progenitors and are distinct from duct progenitors." development **129**(10): 2447-2457.

Gunton, J. E., R. N. Kulkarni, S. Yim, T. Okada, W. J. Hawthorne, Y. H. Tseng, R. S. Roberson, C. Ricordi, P. J. O'Connell, F. J. Gonzalez and C. R. Kahn (2005). "Loss of ARNT/HIF1beta mediates altered gene expression and pancreatic-islet dysfunction in human type 2 diabetes." Cell **122**(3): 337-349.

Guz, Y., M. R. Montminy, R. Stein, J. Leonard, L. W. Gamer, C. V. Wright and G. Teitelman (1995). "Expression of murine STF-1, a putative insulin gene transcription factor, in beta cells of pancreas, duodenal epithelium and pancreatic exocrine and endocrine progenitors during ontogeny." development **121**(1): 11-18.

Habener, J. F., D. M. Kemp and M. K. Thomas (2005). "Minireview: transcriptional regulation in pancreatic development." Endocrinology **146**(3): 1025-1034.

Hagan, D. M., A. J. Ross, T. Strachan, S. A. Lynch, V. Ruiz-Perez, Y. M. Wang, P. Scambler, E. Custard, W. Reardon, S. Hassan, P. Nixon, C. Papapetrou, R. M. Winter, Y. Edwards, K. Morrison, M. Barrow, M. P. Cordier-Alex, P. Correia, P. A. Galvin-Parton, S. Gaskill, K. J. Gaskin, S. Garcia-Minaur, R. Gereige, R. Hayward and T. Homfray (2000). "Mutation analysis and embryonic expression of the HLXB9 Currarino syndrome gene." Am J Hum Genet **66**(5): 1504-1515.

Hancock, A. S., A. Du, J. Liu, M. Miller and C. L. May (2010). "Glucagon deficiency reduces hepatic glucose production and improves glucose tolerance in adult mice." Mol Endocrinol **24**(8): 1605-1614.

Hanley, N. A., K. P. Hanley, P. J. Miettinen and T. Otonkoski (2008). "Weighing up beta-cell mass in mice and humans: self-renewal, progenitors or stem cells?" Mol Cell Endocrinol **288**(1-2): 79-85.

Harrison, K. A., J. Thaler, S. L. Pfaff, H. Gu and J. H. Kehrl (1999). "Pancreas dorsal lobe agenesis and abnormal islets of Langerhans in Hlxb9-deficient mice." <u>Nat Genet</u> **23**(1): 71-75.

Heller, R. S., M. Jenny, P. Collombat, A. Mansouri, C. Tomasetto, O. D. Madsen, G. Mellitzer, G. Gradwohl and P. Serup (2005). "Genetic determinants of pancreatic epsilon-cell development." <u>Dev Biol</u> **286**(1): 217-224.

Heller, R. S., D. A. Stoffers, A. Liu, A. Schedl, E. B. Crenshaw, 3rd, O. D. Madsen and P. Serup (2004). "The role of Brn4/Pou3f4 and Pax6 in forming the pancreatic glucagon cell identity." <u>Dev Biol</u> **268**(1): 123-134.

Henseleit, K. D., S. B. Nelson, K. Kuhlbrodt, J. C. Hennings, J. Ericson and M. Sander (2005). "NKX6 transcription factor activity is required for alpha- and beta-cell development in the pancreas." <u>development</u> **132**(13): 3139-3149.

Heremans, Y., M. Van De Casteele, P. in't Veld, G. Gradwohl, P. Serup, O. Madsen, D. Pipeleers and H. Heimberg (2002). "Recapitulation of embryonic neuroendocrine differentiation in adult human pancreatic duct cells expressing neurogenin 3." <u>J Cell Biol</u> **159**(2): 303-312.

Herrera, P. L. (2000). "Adult insulin- and glucagon-producing cells differentiate from two independent cell lineages." <u>development</u> **127**(11): 2317-2322.

Hesselson, D., R. M. Anderson, M. Beinat and D. Y. Stainier (2009). "Distinct populations of quiescent and proliferative pancreatic beta-cells identified by HOTcre mediated labeling." Proc Natl Acad Sci U S A **106**(35): 14896-14901.

Hirose, S. and A. Mitsudome (2003). "X-linked mental retardation and epilepsy: pathogenetic significance of ARX mutations." Brain Dev **25**(3): 161-165.

Holland, A. M., M. A. Hale, H. Kagami, R. E. Hammer and R. J. MacDonald (2002). "Experimental control of pancreatic development and maintenance." Proc Natl Acad Sci U S A **99**(19): 12236-12241.

Hruban, R. H. and N. Fukushima (2007). "Pancreatic adenocarcinoma: update on the surgical pathology of carcinomas of ductal origin and PanINs." Mod Pathol **20 Suppl 1**: S61-70.

Huang, H., N. Liu and S. Lin (2001). "Pdx-1 knockdown reduces insulin promoter activity in zebrafish." Genesis **30**(3): 134-136.

Huang, H., S. S. Vogel, N. Liu, D. A. Melton and S. Lin (2001). "Analysis of pancreatic development in living transgenic zebrafish embryos." Mol Cell Endocrinol **177**(1-2): 117-124.

Huang, H. P., M. Liu, H. M. El-Hodiri, K. Chu, M. Jamrich and M. J. Tsai (2000). "Regulation of the pancreatic islet-specific gene BETA2 (neuroD) by neurogenin 3." Mol Cell Biol **20**(9): 3292-3307.

Huguet, F., M. Fernet, L. Monnier, E. Touboul and V. Favaudon (2011). "[New perspectives for radiosensitization in pancreatic carcinoma: A review of mechanisms involved in pancreatic tumorigenesis]." Cancer Radiother **15**(5): 365-375.

Inoue, H., J. Nomiyama, K. Nakai, A. Matsutani, Y. Tanizawa and Y. Oka (1998). "Isolation of full-length cDNA of mouse PAX4 gene and identification of its human homologue." Biochem Biophys Res Commun **243**(2): 628-633.

Itoh, M., Y. Takizawa, S. Hanai, S. Okazaki, R. Miyata, T. Inoue, T. Akashi, M. Hayashi and Y. Goto (2010). "Partial loss of pancreas endocrine and exocrine cells of human ARX-null mutation: consideration of pancreas differentiation." Differentiation **80**(2-3): 118-122.

J.W. Heath, J. S. L., e, A. Stevens, B. Young (2008). Atlas d'histologie fonctionnelle de Wheater. Belgique, Groupe de Boeck s.a.

Jemal, A., R. Siegel, J. Xu and E. Ward (2010). "Cancer statistics, 2010." CA Cancer J Clin **60**(5): 277-300.

Jensen, J. (2004). "Gene regulatory factors in pancreatic development." Dev Dyn **229**(1): 176-200.

Jensen, J., R. S. Heller, T. Funder-Nielsen, E. E. Pedersen, C. Lindsell, G. Weinmaster, O. D. Madsen and P. Serup (2000). "Independent development of pancreatic alpha- and beta-cells from neurogenin3-expressing precursors: a role for the notch pathway in repression of premature differentiation." Diabetes **49**(2): 163-176.

Jensen, J., E. E. Pedersen, P. Galante, J. Hald, R. S. Heller, M. Ishibashi, R. Kageyama, F. Guillemot, P. Serup and O. D. Madsen (2000). "Control of endodermal endocrine development by Hes-1." Nat Genet **24**(1): 36-44.

Johansson, K. A. and A. Grapin-Botton (2002). "Development and diseases of the pancreas." Clin Genet **62**(1): 14-23.

Jonsson, J., L. Carlsson, T. Edlund and H. Edlund (1994). "Insulin-promoter-factor 1 is required for pancreas development in mice." Nature **371**(6498): 606-609.

Kawaguchi, Y., B. Cooper, M. Gannon, M. Ray, R. J. MacDonald and C. V. Wright (2002). "The role of the transcriptional regulator Ptf1a in converting intestinal to pancreatic progenitors." Nat Genet **32**(1): 128-134.

Kim, H. J., S. Sumanas, S. Palencia-Desai, Y. Dong, J. N. Chen and S. Lin (2006). "Genetic analysis of early endocrine pancreas formation in zebrafish." Mol Endocrinol **20**(1): 194-203.

Kim, S. K. and M. Hebrok (2001). "Intercellular signals regulating pancreas development and function." Genes Dev **15**(2): 111-127.

Kim, W., Y. K. Shin, B. J. Kim and J. M. Egan (2010). "Notch signaling in pancreatic endocrine cell and diabetes." Biochem Biophys Res Commun **392**(3): 247-251.

Kimmel, C. B., W. W. Ballard, S. R. Kimmel, B. Ullmann and T. F. Schilling (1995). "Stages of embryonic development of the zebrafish." Dev Dyn **203**(3): 253-310.

Kimmel, R. A., L. Onder, A. Wilfinger, E. Ellertsdottir and D. Meyer (2011). "Requirement for Pdx1 in specification of latent endocrine progenitors in zebrafish." BMC Biol **9**: 75.

Kinkel, M. D. and V. E. Prince (2009). "On the diabetic menu: zebrafish as a model for pancreas development and function." Bioessays **31**(2): 139-152.

Klein, A. P., K. A. Brune, G. M. Petersen, M. Goggins, A. C. Tersmette, G. J. Offerhaus, C. Griffin, J. L. Cameron, C. J. Yeo, S.

Kern and R. H. Hruban (2004). "Prospective risk of pancreatic cancer in familial pancreatic cancer kindreds." Cancer Res **64**(7): 2634-2638.

Kojima, H., M. Fujimiya, K. Matsumura, P. Younan, H. Imaeda, M. Maeda and L. Chan (2003). "NeuroD-betacellulin gene therapy induces islet neogenesis in the liver and reverses diabetes in mice." Nat Med **9**(5): 596-603.

Koo, B. K., H. S. Lim, R. Song, M. J. Yoon, K. J. Yoon, J. S. Moon, Y. W. Kim, M. C. Kwon, K. W. Yoo, M. P. Kong, J. Lee, A. B. Chitnis, C. H. Kim and Y. Y. Kong (2005). "Mind bomb 1 is essential for generating functional Notch ligands to activate Notch." development **132**(15): 3459-3470.

Kordowich, S., P. Collombat, A. Mansouri and P. Serup (2011). "Arx and Nkx2.2 compound deficiency redirects pancreatic alpha- and beta-cell differentiation to a somatostatin/ghrelin co-expressing cell lineage." BMC Dev Biol **11**(1): 52.

Korzh, V., I. Sleptsova, J. Liao, J. He and Z. Gong (1998). "Expression of zebrafish bHLH genes ngn1 and nrd defines distinct stages of neural differentiation." Dev Dyn **213**(1): 92-104.

Krapp, A., M. Knofler, S. Frutiger, G. J. Hughes, O. Hagenbuchle and P. K. Wellauer (1996). "The p48 DNA-binding subunit of transcription factor PTF1 is a new exocrine pancreas-specific basic helix-loop-helix protein." Embo J **15**(16): 4317-4329.

Krapp, A., M. Knofler, B. Ledermann, K. Burki, C. Berney, N. Zoerkler, O. Hagenbuchle and P. K. Wellauer (1998). "The bHLH protein PTF1-p48 is essential for the formation of the exocrine and the correct spatial organization of the endocrine pancreas." Genes Dev **12**(23): 3752-3763.

Krauss, S., T. Johansen, V. Korzh, U. Moens, J. U. Ericson and A. Fjose (1991). "Zebrafish pax[zf-a]: a paired box-containing gene expressed in the neural tube." Embo J **10**(12): 3609-3619.

Kroon, E., L. A. Martinson, K. Kadoya, A. G. Bang, O. G. Kelly, S. Eliazer, H. Young, M. Richardson, N. G. Smart, J. Cunningham, A. D. Agulnick, K. A. D'Amour, M. K. Carpenter and E. E. Baetge (2008). "Pancreatic endoderm derived from human embryonic stem cells generates glucose-responsive insulin-secreting cells in vivo." Nat Biotechnol **26**(4): 443-452.

Kumar, M. and D. Melton (2003). "Pancreas specification: a budding question." Curr Opin Genet Dev **13**(4): 401-407.

Lammert, E., J. Brown and D. A. Melton (2000). "Notch gene expression during pancreatic organogenesis." Mech Dev **94**(1-2): 199-203.

Lang, D., S. K. Powell, R. S. Plummer, K. P. Young and B. A. Ruggeri (2007). "PAX genes: roles in development, pathophysiology, and cancer." Biochem Pharmacol **73**(1): 1-14.

Lee, H. M., G. Wang, E. W. Englander, M. Kojima and G. H. Greeley, Jr. (2002). "Ghrelin, a new gastrointestinal endocrine peptide that stimulates insulin secretion: enteric distribution, ontogeny, influence of endocrine, and dietary manipulations." Endocrinology **143**(1): 185-190.

Lee, Y. C. and J. H. Nielsen (2009). "Regulation of beta cell replication." Mol Cell Endocrinol **297**(1-2): 18-27.

Lehmann, R., V. Pavlicek, G. A. Spinas and M. Weber (2005). "[Islet transplantation in type I diabetes mellitus]." Ther Umsch **62**(7): 481-486.

Lewis, R. B., G. E. Lattin, Jr. and E. Paal (2010). "Pancreatic endocrine tumors: radiologic-clinicopathologic correlation." Radiographics **30**(6): 1445-1464.

Li, H., S. Arber, T. M. Jessell and H. Edlund (1999). "Selective agenesis of the dorsal pancreas in mice lacking homeobox gene Hlxb9." Nat Genet **23**(1): 67-70.

Li, Y., H. Nagai, T. Ohno, H. Ohashi, T. Murohara, H. Saito and T. Kinoshita (2006). "Aberrant DNA demethylation in promoter region and aberrant expression of mRNA of PAX4 gene in hematologic malignancies." Leuk Res **30**(12): 1547-1553.

Li, Z., C. Wen, J. Peng, V. Korzh and Z. Gong (2009). "Generation of living color transgenic zebrafish to trace somatostatin-expressing cells and endocrine pancreas organization." Differentiation **77**(2): 128-134.

Liu, J., C. S. Hunter, A. Du, B. Ediger, E. Walp, J. Murray, R. Stein and C. L. May (2011). "Islet-1 regulates Arx transcription during pancreatic islet alpha-cell development." J Biol Chem **286**(17): 15352-15360.

Lorent, K., S. Y. Yeo, T. Oda, S. Chandrasekharappa, A. Chitnis, R. P. Matthews and M. Pack (2004). "Inhibition of Jagged-mediated Notch signaling disrupts zebrafish biliary development and generates multi-organ defects compatible with an Alagille syndrome phenocopy." development **131**(22): 5753-5766.

Maitra, A. and R. H. Hruban (2008). "Pancreatic cancer." <u>Annu Rev Pathol</u> **3**: 157-188.

Manfroid, I., F. Delporte, A. Baudhuin, P. Motte, C. J. Neumann, M. L. Voz, J. A. Martial and B. Peers (2007). "Reciprocal endoderm-mesoderm interactions mediated by fgf24 and fgf10 govern pancreas development." <u>development</u> **134**(22): 4011-4021.

Manfroid, I., A. Ghaye, F. Naye, N. Detry, S. Palm, L. Pan, T. P. Ma, W. Huang, M. Rovira, J. A. Martial, M. J. Parsons, C. B. Moens, M. L. Voz and B. Peers (2012). "Zebrafish sox9b is crucial for hepatopancreatic duct development and pancreatic endocrine cell regeneration." <u>Dev Biol</u>.

Manousaki, T., N. Feiner, G. Begemann, A. Meyer and S. Kuraku (2011). "Co-orthology of Pax4 and Pax6 to the fly eyeless gene: molecular phylogenetic, comparative genomic, and embryological analyses." <u>Evolution & Development</u> **13**(5): 448-459.

Mansouri, A., G. Goudreau and P. Gruss (1999). "Pax genes and their role in organogenesis." <u>Cancer Res</u> **59**(7 Suppl): 1707s-1709s; discussion 1709s-1710s.

Mansouri, A., M. Hallonet and P. Gruss (1996). "Pax genes and their roles in cell differentiation and development." <u>Curr Opin Cell Biol</u> **8**(6): 851-857.

Mansouri, A., L. St-Onge and P. Gruss (1999). "Role of Genes in Endoderm-derived Organs." <u>Trends Endocrinol Metab</u> **10**(4): 164-167.

Marsich, E., A. Vetere, M. Di Piazza, G. Tell and S. Paoletti (2003). "The PAX6 gene is activated by the basic helix-loop-helix transcription factor NeuroD/BETA2." Biochem J **376**(Pt 3): 707-715.

Matsushita, T., T. Yamaoka, S. Otsuka, M. Moritani, T. Matsumoto and M. Itakura (1998). "Molecular cloning of mouse paired-box-containing gene (Pax)-4 from an islet beta cell line and deduced sequence of human Pax-4." Biochem Biophys Res Commun **242**(1): 176-180.

Mauvais-Jarvis, F., S. B. Smith, C. Le May, S. M. Leal, J. F. Gautier, M. Molokhia, J. P. Riveline, A. S. Rajan, J. P. Kevorkian, S. Zhang, P. Vexiau, M. S. German and C. Vaisse (2004). "PAX4 gene variations predispose to ketosis-prone diabetes." Hum Mol Genet **13**(24): 3151-3159.

Mavropoulos, A., N. Devos, F. Biemar, E. Zecchin, F. Argenton, H. Edlund, P. Motte, J. A. Martial and B. Peers (2005). "sox4b is a key player of pancreatic alpha cell differentiation in zebrafish." Dev Biol **285**(1): 211-223.

McKenzie, O., I. Ponte, M. Mangelsdorf, M. Finnis, G. Colasante, C. Shoubridge, S. Stifani, J. Gecz and V. Broccoli (2007). "Aristaless-related homeobox gene, the gene responsible for West syndrome and related disorders, is a Groucho/transducin-like enhancer of split dependent transcriptional repressor." Neuroscience **146**(1): 236-247.

Meijlink, F., A. Beverdam, A. Brouwer, T. C. Oosterveen and D. T. Berge (1999). "Vertebrate aristaless-related genes." Int J Dev Biol **43**(7): 651-663.

Michaud, D. S. (2004). "Epidemiology of pancreatic cancer." Minerva Chir **59**(2): 99-111.

Milewski, W. M., S. J. Duguay, S. J. Chan and D. F. Steiner (1998). "Conservation of PDX-1 structure, function, and expression in zebrafish." Endocrinology **139**(3): 1440-1449.

Miura, H., M. Yanazawa, K. Kato and K. Kitamura (1997). "Expression of a novel aristaless related homeobox gene 'Arx' in the vertebrate telencephalon, diencephalon and floor plate." Mech Dev **65**(1-2): 99-109.

Miyamoto, T., T. Kakizawa, K. Ichikawa, S. Nishio, S. Kajikawa and K. Hashizume (2001). "Expression of dominant negative form of PAX4 in human insulinoma." Biochem Biophys Res Commun **282**(1): 34-40.

Molnar, D. (2004). "The prevalence of the metabolic syndrome and type 2 diabetes mellitus in children and adolescents." Int J Obes Relat Metab Disord **28 Suppl 3**: S70-74.

Murtaugh, L. C. (2007). "Pancreas and beta-cell development: from the actual to the possible." development **134**(3): 427-438.

Murtaugh, L. C. and D. A. Melton (2003). "Genes, signals, and lineages in pancreas development." Annu Rev Cell Dev Biol **19**: 71-89.

Nasevicius, A. and S. C. Ekker (2000). "Effective targeted gene 'knockdown' in zebrafish [In Process Citation]." Nat Genet **26**(2): 216-220.

Nasrallah, I. M., J. C. Minarcik and J. A. Golden (2004). "A polyalanine tract expansion in Arx forms intranuclear inclusions and results in increased cell death." J Cell Biol **167**(3): 411-416.

Nathan, D. M. (1993). "Long-term complications of diabetes mellitus." N Engl J Med **328**(23): 1676-1685.

Naya, F. J., H. P. Huang, Y. Qiu, H. Mutoh, F. J. DeMayo, A. B. Leiter and M. J. Tsai (1997). "Diabetes, defective pancreatic morphogenesis, and abnormal enteroendocrine differentiation in BETA2/neuroD-deficient mice." Genes Dev **11**(18): 2323-2334.

Naye, F., M. L. Voz, N. Detry, M. Hammerschmidt, B. Peers and I. Manfroid (2012). "Essential roles of zebrafish bmp2a, fgf10, and fgf24 in the specification of the ventral pancreas." Mol Biol Cell **23**(5): 945-954.

Nelson, S. B., C. Janiesch and M. Sander (2005). "Expression of Nkx6 genes in the hindbrain and gut of the developing mouse." J Histochem Cytochem **53**(6): 787-790.

Nir, T., D. A. Melton and Y. Dor (2007). "Recovery from diabetes in mice by beta cell regeneration." J Clin Invest **117**(9): 2553-2561.

Noguchi, H., T. Yamada and K. Tanaka (2011). "[Islet transplantation]." Nihon Rinsho **69**(12): 2209-2213.

Norris, R. A. and M. J. Kern (2001). "The identification of Prx1 transcription regulatory domains provides a mechanism for unequal compensation by the Prx1 and Prx2 loci." J Biol Chem **276**(29): 26829-26837.

Oberg, K. and B. Eriksson (2005). "Endocrine tumours of the pancreas." Best Pract Res Clin Gastroenterol **19**(5): 753-781.

Oberholzer, J. and P. Morel (2002). "[Perspectives for diabetes treatment through pancreas transplantation or islet transplantation]." Diabetes Metab **28**(4 Pt 2): 2S27-22S32.

Offield, M. F., T. L. Jetton, P. A. Labosky, M. Ray, R. W. Stein, M. A. Magnuson, B. L. Hogan and C. V. Wright (1996). "PDX-1 is required for pancreatic outgrowth and differentiation of the rostral duodenum." development **122**(3): 983-995.

Ohira, R., Y. H. Zhang, W. Guo, K. Dipple, S. L. Shih, J. Doerr, B. L. Huang, L. J. Fu, A. Abu-Khalil, D. Geschwind and E. R. McCabe (2002). "Human ARX gene: genomic characterization and expression." Mol Genet Metab **77**(1-2): 179-188.

Ohlsson, H., K. Karlsson and T. Edlund (1993). "IPF1, a homeodomain-containing transactivator of the insulin gene." Embo J **12**(11): 4251-4259.

Pack, M., L. Solnica-Krezel, J. Malicki, S. C. Neuhauss, A. F. Schier, D. L. Stemple, W. Driever and M. C. Fishman (1996). "Mutations affecting development of zebrafish digestive organs." development **123**: 321-328.

Parsa, I., D. S. Longnecker, D. G. Scarpelli, P. Pour, J. K. Reddy and M. Lefkowitz (1985). "Ductal metaplasia of human exocrine pancreas and its association with carcinoma." Cancer Res **45**(3): 1285-1290.

Parsons, M. J., H. Pisharath, S. Yusuff, J. C. Moore, A. F. Siekmann, N. Lawson and S. D. Leach (2009). "Notch-responsive cells initiate the secondary transition in larval zebrafish pancreas." Mech Dev **126**(10): 898-912.

Pauls, S., E. Zecchin, N. Tiso, M. Bortolussi and F. Argenton (2007). "Function and regulation of zebrafish nkx2.2a during development of pancreatic islet and ducts." Dev Biol **304**(2): 875-890.

Pedersen, J. K., S. B. Nelson, M. C. Jorgensen, K. D. Henseleit, Y. Fujitani, C. V. Wright, M. Sander and P. Serup (2005). "Endodermal expression of Nkx6 genes depends differentially on Pdx1." Dev Biol **288**(2): 487-501.

Pezeron, G., P. Mourrain, S. Courty, J. Ghislain, T. S. Becker, F. M. Rosa and N. B. David (2008). "Live analysis of endodermal layer formation identifies random walk as a novel gastrulation movement." Curr Biol **18**(4): 276-281.

Pilz, A. J., S. Povey, P. Gruss and C. M. Abbott (1993). "Mapping of the human homologs of the murine paired-box-containing genes." Mamm Genome **4**(2): 78-82.

Plengvidhya, N., S. Kooptiwut, N. Songtawee, A. Doi, H. Furuta, M. Nishi, K. Nanjo, W. Tantibhedhyangkul, W. Boonyasrisawat, P. T. Yenchitsomanus, A. Doria and N. Banchuin (2007). "PAX4 mutations in Thais with maturity onset diabetes of the young." J Clin Endocrinol Metab **92**(7): 2821-2826.

Poirier, K., H. Van Esch, G. Friocourt, Y. Saillour, N. Bahi, S. Backer, E. Souil, L. Castelnau-Ptakhine, C. Beldjord, F. Francis, T. Bienvenu and J. Chelly (2004). "Neuroanatomical distribution of ARX in brain and its localisation in GABAergic neurons." Brain Res Mol Brain Res **122**(1): 35-46.

Poulain, M., M. Furthauer, B. Thisse, C. Thisse and T. Lepage (2006). "Zebrafish endoderm formation is regulated by combinatorial Nodal, FGF and BMP signalling." development **133**(11): 2189-2200.

Prado, C. L., A. E. Pugh-Bernard, L. Elghazi, B. Sosa-Pineda and L. Sussel (2004). "Ghrelin cells replace insulin-producing beta cells in two mouse models of pancreas development." Proc Natl Acad Sci U S A **101**(9): 2924-2929.

Quille, M. L., S. Carat, S. Quemener-Redon, E. Hirchaud, D. Baron, C. Benech, J. Guihot, M. Placet, O. Mignen, C. Ferec, R. Houlgatte and G. Friocourt (2011). "High-throughput analysis of promoter occupancy reveals new targets for Arx, a gene mutated in mental retardation and interneuronopathies." PLoS One **6**(9): e25181.

Raimondi, S., P. Maisonneuve and A. B. Lowenfels (2009). "Epidemiology of pancreatic cancer: an overview." Nat Rev Gastroenterol Hepatol **6**(12): 699-708.

Reimer, M. K., G. Pacini and B. Ahren (2003). "Dose-dependent inhibition by ghrelin of insulin secretion in the mouse." Endocrinology **144**(3): 916-921.

Rojas, A., A. Khoo, J. R. Tejedo, F. J. Bedoya, B. Soria and F. Martin (2010). "Islet cell development." Adv Exp Med Biol **654**: 59-75.

Rovira, M., S. G. Scott, A. S. Liss, J. Jensen, S. P. Thayer and S. D. Leach (2010). "Isolation and characterization of centroacinar/terminal ductal progenitor cells in adult mouse pancreas." Proc Natl Acad Sci U S A **107**(1): 75-80.

Roy, S., T. Qiao, C. Wolff and P. W. Ingham (2001). "Hedgehog signaling pathway is essential for pancreas specification in the zebrafish embryo." Curr Biol **11**(17): 1358-1363.

Rozenblum, E., M. Schutte, M. Goggins, S. A. Hahn, S. Panzer, M. Zahurak, S. N. Goodman, T. A. Sohn, R. H. Hruban, C. J. Yeo and S. E. Kern (1997). "Tumor-suppressive pathways in pancreatic carcinoma." Cancer Res **57**(9): 1731-1734.

Ruggieri, M., P. Pavone, G. Scapagnini, L. Romeo, I. Lombardo, G. Li Volti, G. Corsello and L. Pavone (2010). "The aristaless (Arx) gene: one gene for many "interneuronopathies"." Front Biosci (Elite Ed) **2**: 701-710.

Sander, M., A. Neubuser, J. Kalamaras, H. C. Ee, G. R. Martin and M. S. German (1997). "Genetic analysis reveals that PAX6 is required for normal transcription of pancreatic hormone genes and islet development." Genes Dev **11**(13): 1662-1673.

Sander, M., L. Sussel, J. Conners, D. Scheel, J. Kalamaras, F. Dela Cruz, V. Schwitzgebel, A. Hayes-Jordan and M. German (2000). "Homeobox gene Nkx6.1 lies downstream of Nkx2.2 in the major pathway of beta-cell formation in the pancreas." development **127**(24): 5533-5540.

Sandgren, E. P., C. J. Quaife, A. G. Paulovich, R. D. Palmiter and R. L. Brinster (1991). "Pancreatic tumor pathogenesis reflects the causative genetic lesion." Proc Natl Acad Sci U S A **88**(1): 93-97.

Schwitzgebel, V. M., D. W. Scheel, J. R. Conners, J. Kalamaras, J. E. Lee, D. J. Anderson, L. Sussel, J. D. Johnson and M. S. German

(2000). "Expression of neurogenin3 reveals an islet cell precursor population in the pancreas." development **127**(16): 3533-3542.

Servitja, J. M. and J. Ferrer (2004). "Transcriptional networks controlling pancreatic development and beta cell function." Diabetologia **47**(4): 597-613.

Sherr, E. H. (2003). "The ARX story (epilepsy, mental retardation, autism, and cerebral malformations): one gene leads to many phenotypes." Curr Opin Pediatr **15**(6): 567-571.

Shimajiri, Y., T. Sanke, H. Furuta, T. Hanabusa, T. Nakagawa, Y. Fujitani, Y. Kajimoto, N. Takasu and K. Nanjo (2001). "A missense mutation of Pax4 gene (R121W) is associated with type 2 diabetes in Japanese." Diabetes **50**(12): 2864-2869.

Shoubridge, C., M. H. Tan, G. Seiboth and J. Gecz (2012). "ARX homeodomain mutations abolish DNA binding and lead to a loss of transcriptional repression." Hum Mol Genet **21**(7): 1639-1647.

Simeone, A., M. R. D'Apice, V. Nigro, J. Casanova, F. Graziani, D. Acampora and V. Avantaggiato (1994). "Orthopedia, a novel homeobox-containing gene expressed in the developing CNS of both mouse and Drosophila." Neuron **13**(1): 83-101.

Slack, J. M. (1995). "Developmental biology of the pancreas." development **121**(6): 1569-1580.

Smith, S. B., H. C. Ee, J. R. Conners and M. S. German (1999). "Paired-homeodomain transcription factor PAX4 acts as a transcriptional repressor in early pancreatic development." Mol Cell Biol **19**(12): 8272-8280.

Smith, S. B., R. Gasa, H. Watada, J. Wang, S. C. Griffen and M. S. German (2003). "Neurogenin3 and hepatic nuclear factor 1 cooperate in activating pancreatic expression of Pax4." J Biol Chem **278**(40): 38254-38259.

Smith, S. B., H. Watada, D. W. Scheel, C. Mrejen and M. S. German (2000). "Autoregulation and maturity onset diabetes of the young transcription factors control the human PAX4 promoter." J Biol Chem **275**(47): 36910-36919.

Sosa-Pineda, B. (2004). "The gene Pax4 is an essential regulator of pancreatic beta-cell development." Mol Cells **18**(3): 289-294.

Sosa-Pineda, B., K. Chowdhury, M. Torres, G. Oliver and P. Gruss (1997). "The Pax4 gene is essential for differentiation of insulin-producing beta cells in the mammalian pancreas." Nature **386**(6623): 399-402.

St-Onge, L., B. Sosa-Pineda, K. Chowdhury, A. Mansouri and P. Gruss (1997). "Pax6 is required for differentiation of glucagon-producing alpha-cells in mouse pancreas." Nature **387**(6631): 406-409.

Stafford, D., A. Hornbruch, P. R. Mueller and V. E. Prince (2004). "A conserved role for retinoid signaling in vertebrate pancreas development." Dev Genes Evol **214**(9): 432-441.

Stafford, D. and V. E. Prince (2002). "Retinoic acid signaling is required for a critical early step in zebrafish pancreatic development." Curr Biol **12**(14): 1215-1220.

Stainier, D. Y. (2002). "A glimpse into the molecular entrails of endoderm formation." Genes Dev **16**(8): 893-907.

Stanger, B. Z. and Y. Dor (2006). "Dissecting the cellular origins of pancreatic cancer." Cell Cycle **5**(1): 43-46.

Streisinger, G., C. Walker, N. Dower, D. Knauber and F. Singer (1981). "Production of clones of homozygous diploid zebra fish (Brachydanio rerio)." Nature **291**(5813): 293-296.

Stromme, P., M. E. Mangelsdorf, I. E. Scheffer and J. Gecz (2002). "Infantile spasms, dystonia, and other X-linked phenotypes caused by mutations in Aristaless related homeobox gene, ARX." Brain Dev **24**(5): 266-268.

Sussel, L., J. Kalamaras, D. J. Hartigan-O'Connor, J. J. Meneses, R. A. Pedersen, J. L. Rubenstein and M. S. German (1998). "Mice lacking the homeodomain transcription factor Nkx2.2 have diabetes due to arrested differentiation of pancreatic beta cells." development **125**(12): 2213-2221.

Sutherland, D. E., R. Gruessner, R. Kandswamy, A. Humar, B. Hering and A. Gruessner (2004). "Beta-cell replacement therapy (pancreas and islet transplantation) for treatment of diabetes mellitus: an integrated approach." Transplant Proc **36**(6): 1697-1699.

Tehrani, Z. and S. Lin (2011). "Endocrine pancreas development in zebrafish." Cell Cycle **10**(20).

Teitelman, G., S. Alpert, J. M. Polak, A. Martinez and D. Hanahan (1993). "Precursor cells of mouse endocrine pancreas coexpress insulin, glucagon and the neuronal proteins tyrosine hydroxylase and neuropeptide Y, but not pancreatic polypeptide." development **118**(4): 1031-1039.

Theis, M., C. Mas, B. Doring, J. Degen, C. Brink, D. Caille, A. Charollais, O. Kruger, A. Plum, V. Nepote, P. Herrera, P. Meda and K. Willecke (2004). "Replacement by a lacZ reporter gene assigns mouse connexin36, 45 and 43 to distinct cell types in pancreatic islets." Exp Cell Res **294**(1): 18-29.

Thor, S., J. Ericson, T. Brannstrom and T. Edlund (1991). "The homeodomain LIM protein Isl-1 is expressed in subsets of neurons and endocrine cells in the adult rat." Neuron **7**(6): 881-889.

Thorel, F. and P. L. Herrera (2010). "[Conversion of adult pancreatic alpha-cells to beta-cells in diabetic mice]." Med Sci (Paris) **26**(11): 906-909.

Tiso, N., A. Filippi, S. Pauls, M. Bortolussi and F. Argenton (2002). "BMP signalling regulates anteroposterior endoderm patterning in zebrafish." Mech Dev **118**(1-2): 29-37.

Tiso, N., E. Moro and F. Argenton (2009). "Zebrafish pancreas development." Mol Cell Endocrinol **312**(1-2): 24-30.

Tokuyama, Y., K. Yagui, K. Sakurai, N. Hashimoto, Y. Saito and A. Kanatsuka (1998). "Molecular cloning of rat Pax4: identification of four isoforms in rat insulinoma cells." Biochem Biophys Res Commun **248**(1): 153-156.

Treisman, J., E. Harris and C. Desplan (1991). "The paired box encodes a second DNA-binding domain in the paired homeo domain protein." Genes Dev **5**(4): 594-604.

van Belle, T. L., K. T. Coppieters and M. G. von Herrath (2011). "Type 1 diabetes: etiology, immunology, and therapeutic strategies." Physiol Rev **91**(1): 79-118.

van Heek, N. T., A. K. Meeker, S. E. Kern, C. J. Yeo, K. D. Lillemoe, J. L. Cameron, G. J. Offerhaus, J. L. Hicks, R. E. Wilentz, M. G. Goggins, A. M. De Marzo, R. H. Hruban and A. Maitra (2002). "Telomere shortening is nearly universal in pancreatic intraepithelial neoplasia." Am J Pathol **161**(5): 1541-1547.

Verbruggen, V., O. Ek, D. Georlette, F. Delporte, V. Von Berg, N. Detry, F. Biemar, P. Coutinho, J. A. Martial, M. L. Voz, I. Manfroid and B. Peers (2010). "The Pax6b homeodomain is dispensable for pancreatic endocrine cell differentiation in zebrafish." J Biol Chem **285**(18): 13863-13873.

Vincent, A., J. Herman, R. Schulick, R. H. Hruban and M. Goggins (2011). "Pancreatic cancer." Lancet **378**(9791): 607-620.

Vinciguerra, P. and F. Stutz (2004). "mRNA export: an assembly line from genes to nuclear pores." Curr Opin Cell Biol **16**(3): 285-292.

Wagner, M., F. R. Greten, C. K. Weber, S. Koschnick, T. Mattfeldt, W. Deppert, H. Kern, G. Adler and R. M. Schmid (2001). "A murine tumor progression model for pancreatic cancer recapitulating the genetic alterations of the human disease." Genes Dev **15**(3): 286-293.

Wang, J., L. Elghazi, S. E. Parker, H. Kizilocak, M. Asano, L. Sussel and B. Sosa-Pineda (2004). "The concerted activities of Pax4 and Nkx2.2 are essential to initiate pancreatic beta-cell differentiation." Dev Biol **266**(1): 178-189.

Wang, Q., L. Elghazi, S. Martin, I. Martins, R. S. Srinivasan, X. Geng, M. Sleeman, P. Collombat, J. Houghton and B. Sosa-Pineda

(2008). "Ghrelin is a novel target of Pax4 in endocrine progenitors of the pancreas and duodenum." Dev Dyn 237(1): 51-61.

Wang, W., J. R. Walker, X. Wang, M. S. Tremblay, J. W. Lee, X. Wu and P. G. Schultz (2009). "Identification of small-molecule inducers of pancreatic beta-cell expansion." Proc Natl Acad Sci U S A 106(5): 1427-1432.

Wang, Y., M. Rovira, S. Yusuff and M. J. Parsons (2011). "Genetic inducible fate mapping in larval zebrafish reveals origins of adult insulin-producing beta-cells." development 138(4): 609-617.

Warga, R. M. and C. Nusslein-Volhard (1999). "Origin and development of the zebrafish endoderm." development 126(4): 827-838.

Webb, S. E. and A. L. Miller (2007). "Ca2+ signalling and early embryonic patterning during zebrafish development." Clin Exp Pharmacol Physiol 34(9): 897-904.

Wehr, R. and P. Gruss (1996). "Pax and vertebrate development." Int J Dev Biol 40(1): 369-377.

Wendik, B., E. Maier and D. Meyer (2004). "Zebrafish mnx genes in endocrine and exocrine pancreas formation." Dev Biol 268(2): 372-383.

White, S. A., J. A. Shaw and D. E. Sutherland (2009). "Pancreas transplantation." Lancet 373(9677): 1808-1817.

Wierup, N., S. Yang, R. J. McEvilly, H. Mulder and F. Sundler (2004). "Ghrelin is expressed in a novel endocrine cell type in developing rat islets and inhibits insulin secretion from INS-1 (832/13) cells." J Histochem Cytochem 52(3): 301-310.

Wild, S., G. Roglic, A. Green, R. Sicree and H. King (2004). "Global prevalence of diabetes: estimates for the year 2000 and projections for 2030." Diabetes Care **27**(5): 1047-1053.

Wilson, M. E., K. Y. Yang, A. Kalousova, J. Lau, Y. Kosaka, F. C. Lynn, J. Wang, C. Mrejen, V. Episkopou, H. C. Clevers and M. S. German (2005). "The HMG box transcription factor Sox4 contributes to the development of the endocrine pancreas." Diabetes **54**(12): 3402-3409.

Xu, W. and L. J. Murphy (2000). "Cloning of the mouse Pax4 gene promoter and identification of a pancreatic beta cell specific enhancer." Mol Cell Endocrinol **170**(1-2): 79-89.

Xu, X., J. D'Hoker, G. Stange, S. Bonne, N. De Leu, X. Xiao, M. Van de Casteele, G. Mellitzer, Z. Ling, D. Pipeleers, L. Bouwens, R. Scharfmann, G. Gradwohl and H. Heimberg (2008). "Beta cells can be generated from endogenous progenitors in injured adult mouse pancreas." Cell **132**(2): 197-207.

Yechoor, V., V. Liu, C. Espiritu, A. Paul, K. Oka, H. Kojima and L. Chan (2009). "Neurogenin3 is sufficient for transdetermination of hepatic progenitor cells into neo-islets in vivo but not transdifferentiation of hepatocytes." Dev Cell **16**(3): 358-373.

Yee, N. S., K. Lorent and M. Pack (2005). "Exocrine pancreas development in zebrafish." Dev Biol **284**(1): 84-101.

Yee, N. S., S. Yusuff and M. Pack (2001). "Zebrafish pdx1 morphant displays defects in pancreas development and digestive organ chirality, and potentially identifies a multipotent pancreas progenitor cell." Genesis **30**(3): 137-140.

Zalzman, M., S. Gupta, R. K. Giri, I. Berkovich, B. S. Sappal, O. Karnieli, M. A. Zern, N. Fleischer and S. Efrat (2003). "Reversal of hyperglycemia in mice by using human expandable insulin-producing cells differentiated from fetal liver progenitor cells." Proc Natl Acad Sci U S A **100**(12): 7253-7258.

Zecchin, E., A. Filippi, F. Biemar, N. Tiso, S. Pauls, E. Ellertsdottir, L. Gnugge, M. Bortolussi, W. Driever and F. Argenton (2007). "Distinct delta and jagged genes control sequential segregation of pancreatic cell types from precursor pools in zebrafish." Dev Biol **301**(1): 192-204.

Zecchin, E., A. Mavropoulos, N. Devos, A. Filippi, N. Tiso, D. Meyer, B. Peers, M. Bortolussi and F. Argenton (2004). "Evolutionary conserved role of ptf1a in the specification of exocrine pancreatic fates." Dev Biol **268**(1): 174-184.

Zhou, Q., J. Brown, A. Kanarek, J. Rajagopal and D. A. Melton (2008). "In vivo reprogramming of adult pancreatic exocrine cells to beta-cells." Nature **455**(7213): 627-632.

Zhou, Q. and D. A. Melton (2008). "Pathways to new beta cells." Cold Spring Harb Symp Quant Biol **73**: 175-181.

www.ingramcontent.com/pod-product-compliance
Lightning Source LLC
Chambersburg PA
CBHW021042210326
41598CB00016B/1081